하늘을 나는 배
위그선

하늘을 나는 배, 위그선
_위그선의 탄생과 현재 그리고 미래

초판 1쇄 발행 2009년 10월 15일
초판 2쇄 발행 2016년 9월 29일

지은이 강창구
펴낸이 이원중

펴낸곳 지성사 출판등록일 1993년 12월 9일 등록번호 제10-916호
주소 (03408) 서울시 은평구 진흥로1길 4(역촌동 42-13) 2층
전화 (02) 335-5494 팩스 (02) 335-5496
홈페이지 지성사.한국 | www.jisungsa.co.kr 이메일 jisungsa@hanmail.net

ⓒ 강창구 2009

ISBN 978-89-7889-206-3 (04400)
ISBN 978-89-7889-168-4 (세트)

이 도서의 국립중앙도서관 출판시도서목록(CIP)은 e-CIP 홈페이지(http://www.nl.go.kr/ecip)
에서 이용하실 수 있습니다. (CIP제어번호: CIP2009003047)

하늘을 나는 배
위그선

위그선의 탄생과 현재 그리고 미래

강창구 지음

지샘

차례

● 공기쿠션 위에 떠가는 공기부양선 ● 물과 친한 비행기 ● 바다와 땅에서 자유자재로 이착륙이 가능한 수륙양용 비행정 ● 물에 살포시 내려앉는 수상비행기

'하늘을 나는 배'의 공식 명칭은, 유엔 산하의 국제해사기구에서 정한 '위그선WIG Craft: Wing-In-Ground Craft'이다. 우리나라에서는 수면에 근접해 비행하는 배를 '수면비행선박'이라 이름 붙이고, '표면효과를 이용하여 수면에 근접해 비행하는 선박'이라 정의하고 있다.

위그선은 1960년대 러시아옛 소련에 의해 순전히 군사적 목적으로 개발되었다. 위그선 개발에 대한 보안은 굉장히 철저하여 서방세계에서 전혀 눈치를 채지 못했다. 그러다가 러시아의 알렉세예프 박사가 비밀병기로 개발에 성공한 위그선을 처음 운항했을 때 이들은 놀라움을 금치 못하며, '카스피해의 괴물'이란 별명을 붙였다. 미국 첩보위성에 잡힌 위그선의 모습이 특이하기도 하고 일반 배와는 견줄 수 없을 만큼 빠른 속도 때문에 '괴물'이라고 표현했을 것이다. 이렇게 화려하게 등장한 위그선은 냉전 시대의 종식 등으로 군사적 가치가 줄어들면서 개발 자체가 중단되는 우여곡절을 겪기도 했었다. 그러나 최근에는 위그선만의 독특한 특징이 주목을 받으면서 상업성을 띠는 민수용으로 개발이 진행 중이다.

이 책에서는 위그선의 탄생 과정과 그에 얽힌 비밀, 선체와 운항에 관한 과학적 기본 원리, 운송수단으로서의 장단점, 그리고 앞으로 어떻게 활용할 수 있는지 등에 관한 이야기를 한다. 더불어 고속 선박과 비행기의 장점을 결합한 새로운 형태의 초고속 해상운송시스템을 탄생시키고자 하는 여러 나라의 노력을 소개하고, 세계 제일의 조선 강국인 우리나라에서 세계 최초로 중대형 위그선의 상용화에 도전하는 내용도 상세히 소개한다. 특히 우리가 개발한 중대형 위그선의 생산 공장을 건설하고 본격적인 생산을 코앞에 둔 시점에 이 책을 발간하게 되는 것도 저자로서 의미가 크다.

모든 분야가 그렇듯이 끊임없이 도전하지 않으면 현재 상태를 유지하기도 어렵다. 작은 책이지만 이 책을 읽고 바다와 하늘 그리고 새로운 분야에 관한 꿈을 키우고 도전하는 청소년이 한 명이라도 늘어났으면 하는 것이 저자로서 작은 바람이다. 나아가 우리 청소년 사이에 새로운 것에 과감히 도전하는 것이 아름답다는 문화가 형성되어 우리나라 발전의 작은 원동력이 되기를 바란다. 그래서 앞으로 이 책이, 그리고 해양문고가 새로운 분야를 개척하고 이끌어 나갈 청소년들에게 꿈과 희망을 주는 데 조금이나마 기여할 수 있기를 기대한다.

2009년 10월

강창구

1부

하늘을 나는 배가 있다고?

내가 상상했던 일이 어느 날 현실이 된다면 어떤 기분일까? 또 만화에서나 나올 법한 신기한 물체가 어느 날 내 앞에서 왔다갔다 한다면 얼마나 재미있을까?

우리나라에서도 방영되어 인기를 끌었던 『미래소년 코난』이라는 일본 만화영화가 있다. 이 만화에 유쾌하고 귀엽게 생긴 비행기가 물 위를 낮게 날아다니는 장면이 나온다. 보통 비행기라면 하늘 높이 날지만 이 비행기는 특이하게도 물에 바짝 붙어서 날아간다. 그 이유는 이 물체가 비행기가 아니라 배였기 때문이다. 배에 날개를 달아서 비행기로 보인 것뿐이었다.

1966년 실제로 카스피해에서는 이와 비슷한 물체가 발견되었다. 만화 속의 귀여운 모습이 아니라, 상당히 빠른 속도로 바다를 헤쳐 나가는 거대한 괴물체의 모습으로 사람들에게 목격되었다. 그 괴물체가 바로 소련^{현 러시아}이 군사적 목적으로 개발한 물 위를 날아가는 배였다. 지금도 하늘을 나는 배는 생소할 뿐만 아니라 가상의 세계에서나 가능하다고 생각하는 사람이 대부분인 것을 생각하면, 당시에 이 배를 목격한 사람들의 충격이 얼마나 엄청났을지 짐작할 수 있다. 상상 속의 물체가 실제로 사람들 눈앞에 나타났던 이 사건의 주인공은 바로 위그선이었다.

위그선은 배의 느린 속도를 보완하기 위해 배에 날개를 달아 혁신적으로 속도를 높이려고 했다. 배와 같은 해상 수송수단이 대략 시속 40킬로미터의 속도로 운항하는 데 비해 대형 위그선은 시속 300킬로미터 이상이라니, 바다 위에 안 보이는 철로를 놓고 KTX가 달리는 것과 다를 게 없다.

위그선은 참 재미있게 생겼다. 겉모습의 윗부분은 비행기를 닮았고, 아랫부분은 배의 모양을 하고 있다. 마치 인어공주나 반인반마로 불리는 켄타우로스와 비슷한 느낌이 든다. 아마 여러분은 '인어공주가 사람일까, 물고기일까'

△ **KTX** 바다 위의 KTX를 꿈꾸는 위그선

혹은 '켄타우로스를 사람이라고 해야 할까 짐승이라고 해야 할까'를 고민해 본 적이 있을 것이다. 위그선도 마찬가지였다. 이렇게 재미있는 조합 때문에 전문가들의 고민이 하나 늘었다. 위그선을 배라고 해야 되나, 비행기라고 해야 되나?

　지금은 위그선이 쉽게 배라고 소개되고 있지만, 실제 위그선을 배로 분류하기까지는 적지 않은 시간과 노력이 들었다. 처음에는 위그선을 배의 한 종류로 보아야 할지 비행기로 분류해야 할지에 관해서 많은 전문가들이 고민했다. 이는 위그선에 배의 규칙을 적용할 것인지, 비행기의 규칙을 적용해야 할 것인지를 결정하는 중요한 문제였

△ 켄타우로스

△ **위그선** 배와 비행기의 장점을 합친 위그선

기 때문이었다.

　의견이 분분하던 전문가들은 결국 위그선의 특성을 하나하나 따져 보기로 했다. 먼저, 위그선은 거친 파도를 헤치며 빠르게 항해할 수 있는 선박 기술을 갖추어야 한다. 그 반면에 수면으로부터 조금이라도 떠오르게 하여 운항하면서 안정성을 유지할 수 있는 항공 기술도 있어야 한다. 이렇게 기능면에서 배와 비행기 사이를 팽팽하게 오가던 위그선은 결국 배로 분류되었다. 그 이유는 무엇이었을까?

　비행기는 수면 위를 가까이 날 수는 있지만 물에 닿을 경우 매우 위험하므로, 물에서 자주 운항하는 위그선을 비

△ 선박의 안전을 담당하는 IMO의 기(旗)와 본부

행기로 분류하기는 어렵기 때문이다. 또한 위그선이 물 위로 뜰 수 있는 높이는 한계가 있다는 점과, 바다에 의한 충격을 견디는 구조에 대한 연구 등은 조선 기술이 좀 더 필요하다는 이유도 있었다.

드디어 위그선은 1990년대 말, 국제해사기구IMO : International Maritime Organization와 국제민간항공기구ICAO : International Civil Aviation Organization의 협약에 의해 배로 분류하게 되었다.

이렇게 해서 위그선은 '날개 달린 배'가 되었다. 여러분은 이제 '위그선'이란 단어를 들으면 그 특이하고 재미있는 모습을 떠올릴 수 있을 것이다. 위그선에 관한 재미있는 이야기는 지금부터 시작이다. 배가 날개를 달면서 엮어가는 기막힌 이야기들, 어떻게 배에 날개를 달게 되었는

△ 항공의 안전을 담당하는 ICAO의 기(旗)와 본부

지에 관한 여러 나라의 경험담, 위그선에 숨어 있는 신기한 과학 원리에 관한 내용들이 이어진다. 그럼 이제 위그선을 머릿속에 더욱더 명확하게 그릴 수 있도록 위그선을 만나러 떠나 보자!

2부

위그선은 **이다

이번에는 '위그선은 ○○이다'라는 식으로 위그선의 가장 큰 특성을 일상적 사물에 빗대어 표현하여 보다 쉽게 위그선을 여러분에게 보여 주려고 한다. 이 책을 다 읽고 난 후에는 여러분도 이 명제의 빈칸에 단어를 채워 넣어 보면 재미있을 것이다.

위그선은 자연이다

동물이나 식물의 원리를 본 딴 기술은 성공한다는 말이 있다. 그만큼 완벽한 것은 자연에 있다는 말일 것이다. 따라서 기술 개발자들은 동물의 가장 효율적인 생존법칙을

△ 수면 위를 낮게 비행하는 갈매기(왼쪽)와 앨버트로스(오른쪽)

찾아내고, 이를 실제로 사용하는 제품에 적용하기도 했다. 우리의 주인공 위그선도 날짐승의 본능을 본떠서 탄생시킨 새로운 운송수단이다. 위그선의 비행 모습은 나그네새라고도 불리는 앨버트로스나 갈매기의 나는 모습과 닮았다. 이들은 수면 위를 거의 날갯짓 없이 나는 특징이 있는데, 위그선의 조용히 나는 모습은 이들을 연상시킨다. 비행체의 움직임이 적다는 것은 그 만큼 에너지의 소비가 적다는 뜻이다. 따라서 위그선은 같은 거리를 운행하더라도 배보다 기름이 적게 든다.

위그선은 배보다 연료를 적게 사용하면서도 일반 선박의 4배에 가까운 속도로 승객과 화물을 실어 나를 수 있다. 자연을 닮은 위그선은 선박의 한계에 대해 끊임없이 고긴

한 결과, 얻어낼 수 있었던 성과물이다.

위그선은 해방이다

위그선은 쉽게 말하면 기존 선박이 운항을 할 때에 물에 의해 받는 저항을 줄여 속도를 높이기 위해 수면 위로 살짝 띄운 배이다. 즉, 물로 인해 받는 저항에서 해방되어 최대한 자유롭게 만든 배이다.

배의 속도가 느린 이유는 여러분이 모터를 몸 뒤에 달고 물에서 앞으로 나아간다고 상상해 보면 이해하기 쉬울 것이다. 모터가 작동하면 물 밖의 몸은 앞으로 나아가려 하는데, 물속에 잠겨 있는 부분은 물과의 마찰 때문에 물만 많이 튀길 뿐 앞으로 잘 나아가지 못한다. 몸과 물의 마찰은 몸이 앞으로 나아가는 힘을 방해하는 저항이다. 물보다는 공기가 상대적으로 저항이 작아 공기 중의 몸은 앞으로 쉽게 나아간다. 따라서 물 속에 몸을 담그고 앞으로 나아가려면, 저항을 이기는 힘까지 필요하므로 모터는 보다 많은 에너지를 써야 속도를 높일 수 있다.

그렇다면 문제는 물의 저항이니까 몸을 물에서 살짝 빼면 되지 않을까. 그러면 속도가 훨씬 빨라질 것이다. 여러

△ 물 위로 살짝 떠서 나는 위그선

분도 모터를 달고 물속에서 허우적거리며 앞으로 나아가
는 것보다는 몸 전체를 수면 위로 살짝 띄우면 앞으로 나
가는 속도가 빨라질 수 있다. 이런 발상을 배에 적용하여
배에 날개를 달게 된 것이다. 비행기가 날개를 달았기 때문
에 날 수 있듯이, 위그선도 날개 덕분에 뜰 수 있었다. 단,
비행기와 달리 위그선은 수면에 바짝 붙어서 날기 때문에
'지면효과 ground effect'라는 원리에 의해 비행기보다 더 쉽게
뜬다. 이 원리는 3부에서 좀 더 자세하게 설명하기로 한다.

　　바로 이 원리 때문에 배는 국제적으로 위그선 WIG Craft;
Wing-In-Ground Craft 지면효과를 이용한 배이라는 이름으로 불리게
되었다. 우리나라에서도 위그선은 2009년 5월 「해상교통
안전법」의 개정으로 '수면비행선박'이라는 공식 용어로 등

록되었다. 이 법에서 '수면비행선박'은 '표면효과를 이용하여 수면에 근접해 비행하는 선박'이라 정의하고 있다. 여기서 말하는 '표면효과'란 앞서 말한 '지면효과'와 같은 용어다. 위그선은 이 원리에 의해 이름도 얻고, 안정성과 조종 능력 등도 향상되었다. 그 결과, 위그선의 속도는 일반 선박에 비해 엄청나게 빨라질 수 있었다.

위그선은 짬짜면이다

우리나라 사람들이 중국음식점에서 가장 즐겨먹는 음식이 자장면과 짬뽕이다. 중국음식을 즐겨 먹는 사람들에게 전혀 다른 매력의 이 두 가지 음식은 선택할 때마다 고민에 빠지게 만든다. 얼마나 많은 사람들이 이러한 고민을 했으면 아예 두 가지를 모두 맛볼 수 있는 '짬짜면'이라는 메뉴가 생겼다. 처음에는 장난기라 여기는 사람들도 있었지만 이제는 어엿한 독립 메뉴로 자리를 잡았다. 중국음식을 먹을 때면 자장면, 짬뽕과 함께 꼭 거론되는 메뉴이다.

위그선도 이와 비슷하다. 위그선은 배를 타야 할까, 비행기를 선택해야 할까를 고민하는 승객들에게 매력적인 짬짜면이 되어 줄 수 있다. 가족 여행으로 제주도를 가려고 계획 중인 김고민 씨. 이동 수단을 선택하는 데 벌써 일주일째 고민만 하고 있다. 비행기를 타자니 빠르기는 하지만 비행기 삯이 비싼 데다가 수속 절차도 복잡하다. 그렇다고 배를 타자니 시간이 오래 걸리고 멀미가 심하게 날까 봐 걱정이 이만저만이 아니다. 이럴 때 구세주처럼 등장하는 운송수단이 바로 위그선이다.

위그선은 중국이나 일본처럼 거리가 가까워서, 비행기가 정상 비행을 위한 고도까지 오르락내리락 하는 과정이 비효율적일 때에 선택하기 좋은 수단이다. 또한 섬처럼 경관이 좋아서 꼭 가보고 싶은데, 안타깝게도 배를 타면 시간이 너무 오래 걸리고 그렇다고 비행기를 이용하자니 공항 시설이 제대로 갖춰지지 못한 곳을 갈 때에 위그선은 더 없이 좋은 선택이 된다. 짬짜면이 두 메뉴 중 하나를 선택하기 어려운 상황에서 고안되었으나 지금은 어엿한 메뉴로 자리 잡았듯이 위그선도 도입 초기에는 대안에 머무르겠지만, '이 노선에선 최고!'라는 외침이 저절로 나올 정도로 차차 자리를 잡을 것이다. 모습뿐 아니라 성능에 있어서도 배와 비행기의 특성을 모두 갖춘 위그선은 운송계의 짬짜면이다.

3부

위그선의 변신은 무적이다

배 또는 비행기로 변신

앞에서 이야기한 것처럼 위그선은 반반‡‡하게 생겼다. 좀 더 구체적으로 이야기하자면 수면에 닿는 아랫부분은 고속선인 활주선planing hull 모양을 하고 있으며, 윗부분은 항공기와 비슷한 주날개와 꼬리날개를 갖고 있다. 즉 선박과 항공기를 합쳐 놓은 구조이다.

아랫부분의 활주선 형태는 운항할 때 발생하는 압력으로 선체를 들어 올려서 물의 저항을 줄여 주는 원리를 이용한 모양이다.

윗부분에서 가장 중요하게 살펴봐야 할 것은 날개이다.

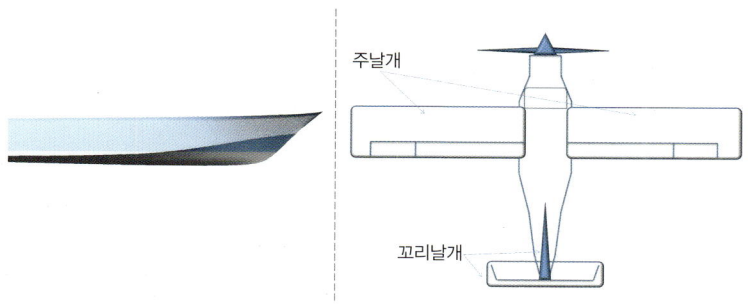

△ 활주선 모형(왼쪽)과 비행기의 주날개와 꼬리날개(오른쪽)

위그선의 날개는 그 존재 자체도 중요하지만 모양과 위치도 큰 역할을 한다. 날개의 단면을 날개꼴airfoil이라고 하는데, 이는 공기의 흐름과 그에 따르는 양력공기 중을 운동하는 물체의 운동 방향과 수직 방향으로 작용하는 힘. 예를 들어 비행기가 위로 뜨는 힘은 비행기가 실제 나아가는 방향인 앞의 방향과 직각임의 발생을 변화시킨다. 이러한 이유로 비행기 연구 중 많은 부분이 여기에 집중되어 있다. 마찬가지로 날개의 위치도 위그선의 공기 흐름과 관련된 특성에 결정적인 영향을 끼친다. 따라서 지면효과 운항을 가장 좋은 상태로 만들기 위한 날개의 모양과 위치에 대한 연구는 상당히 중요한 작업이다.

이 두 가지 요소를 합치면 바로 위그선이 탄생한다. 위그선은 모양만 반반⧾⧾한 게 아니라 운항 과정도 반반⧾⧾

△ 배와 비행기의 합체

이다. 위그선이 휙 사람들 앞을 지나갔을 때 어떤 반응들을 보일까?

앗! 비행기였어?!

위그선은 처음 시동을 걸고 출발할 때에는 물 위를 천천히 헤치고 나가다가 어느 순간 속도가 붙으면서 수면 위로 떠서 운항을 하게 된다. 무심코 '배 한 척이 출발했구나' 생각하고 있던 사람 중에는 이렇게 외치는 이도 있을 것이다.

'앗! 비행기였어?'

그러나 위그선은 비행기처럼 높게 떠오르는 것이 아니라 물 위에 낮게 떠서 앞으로 나아간다. 이것이 바로 날개와 수면^{지면} 사이 공간을 활용하는 '지면효과'를 이용한 비행이다. 이 때문에 위그선은 높이 날지 않고 낮게 떠가게 되므로 시간이 조금 흐르면 비행기와는 다르다는 것을 알게 된다. 좀 더 구체적으로 이야기하자면 비행기는 성층권_{지상으로부터 9~11킬로미터 정도 높이}이라는 상당히 높은 대기권을 운항하는 반면, 위그선은 일반적으로 물 위 1~5미터 높이로 날아간다.

그럼, 배인가?

위그선은 물에서 이수와 착수를 하고 운항할 때에도 수면을 이용하기 때문에 비행기보다는 배로 보는 사람이 더 많다. 그러나 양옆에 달린 날개와 빠른 속도는 위그선이 일반적인 선박의 삶을 살기에는 너무 비범한 능력을 갖고 있다는 사실을 보여 준다.

연구자들이 위그선에 붙여준 날개는 빠르게 달릴 수 있는 능력을 주기 위한 것이었다. 물의 저항으로 속도에 제한을 받는 일반 배의 최고 속력이 시속 55~90킬로미터인 것에 비해 위그선은 이 날개 덕분에 엄청 빠르게 이동할 수 있게 되었다. 최고 속력이 무려 시속 200~300킬로미터라고 하니 일반 배와는 큰 차이가 난다. 단지 배를 물 위로 살짝 띄웠을 뿐인데 엄청난 변화이다. 더구나 위그선은 뜨고 내리는 데에 지장이 없다면 해상 상태가 나쁘더라도 속도의 제한을 받지 않는다. 일반 선박이 풍랑과 파도에 의해 속도 변동이 심한 것에 비해 위그선은 안정적인 속력을 유지할 수 있다는 이야기다.

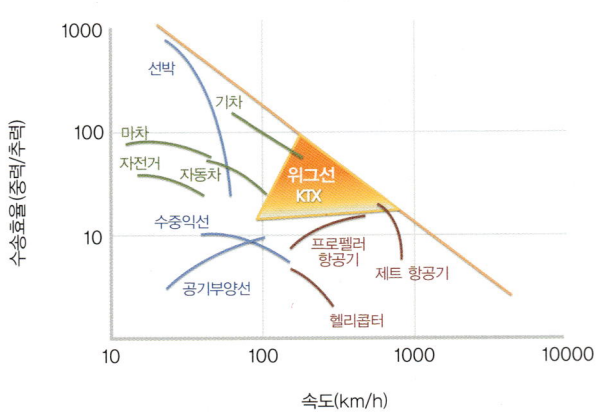

△ 위그선의 수송 효율

위그선이 운항하는 모습을 실제로 보면 비행기인가 하고 착각하기도 한다. 그렇지만 앞에서도 이야기했듯이 위그선은 배의 한 종류이며 자세히 뜯어보면 모습도 배에 가깝다. 비행기의 특성이 가미된 배, 이것이 바로 '위그선'이다. 학자들은 위그선의 위치를 24쪽 그림의 삼각형 부분에 위치한다고 분석하고 있다. 삼각형이 의미하는 것은 효율성과 속도에 있어서 다른 운송수단이 채우지 못하는 사각지대라는 것이다. 학자들은 이 부분에서 위그선이 제 역할을 할 수 있을 것이라 기대하고 있다. 즉, 빠르지만 연료 소모가 많은 비행기와 연료 소모는 적지만 느린 선박이 할 수 없는 역할을 위그선이 대신할 수 있다는 뜻이다.

위그선의 출발부터 도착까지

지금까지 위그선의 겉모습이 배와 비행기를 합쳐 놓은 것처럼 생겼으며, 기능 면에서도 배와 비행기 사이를 줄타기하고 있다는 이야기를 했다. 지금부터는 이 위그선이 어떻게 운항되는지를 알아보려고 한다. 위그선이 출발하여 목적지에 도착하기까지 어떤 과정을 거치며, 구체적으로 어떤 상황에서 비행기의 기능을 발휘하고 어떤 경우에 배의 모습으로 움직이는지 함께 확인해 보려고 한다. 그렇다고 혹여나 동생에게 위그선을 과장하여 설명해서 '위그선이 변신로봇이야?'라는 엉뚱한 질문을 받지는 말자. 위그선 자체의 모습이 변하는 것은 아니니까.

먼저 위그선이 시동을 걸고 출발하는 단계는 일반 선박의 경우와 마찬가지로 배의 밑부분이 물에 잠긴 상태, 즉 **배수량**^{배가 물 위에 떠 있을 때, 물에 잠기는 배의 아랫부분이 밀어내는 물의 중량. 이 물의 중량은 그 배의 무게와 같아서 이것으로 배의 중량을 표시하기도 함}이 큰 상태에서 낮은 속도로 운항한다. 이를 수면운항^{taxing}이라고 한다. 위그선이 부두를 출발하여 물 위로 뜨기 직전까지 이동하는 과정과, 운항을 끝내기 위해 물 위로 내려앉은^{착수} 후 부두로 돌아올 때까지 운항하는 과정은 모두 수면운항이다.

출발할 때에 위그선이 바다 위를 느리게 움직이다가 물 위로 떠오르기 좋은 공간이 나타났을 때, 본격적으로 속력을 내면서 떠오르는 시점이 있는데 이를 이수^{take-off}라고 한다. 이 순간이 바로 위그선이 배에서 비행기로 변신하는 때이다. 이수의 초기 단계에는 위그선의 아랫부분은 아직 물에 잠긴 채로 선박의 모습으로 움직이지만, 속도를 높이면서 날개 윗부분의 압력이 감소하고 날개 아랫부분의 압력이 증가하는 지면효과가 나타나기 시작하면서부터는 비행기에 가깝다. 이때부터 위그선이 일반 선박과 다르다는 것을 결정적으로 보여 주게 된다.

위그선이 물 위로 떠오를 때는 엄청난 힘을 쏟아부어야 한다. 그러나 일단 위그선이 이수한 후에는 기후나 물결이 크게 영향을 미치지 않는 한, 적은 힘으로도 비교적 순탄하게 운항할 수 있다. 이를 순항cruising한다고 표현하며, 위그선이 비행기의 모습으로 운항하는 단계이다. 바로 지면효과가 최대로 발휘되는 단계이기도 하다. 이때 위그선은 파도로부터 안전한 운항 높이를 유지해야 하는데, 그 높이는 수면으로부터 1~5미터 정도이다.

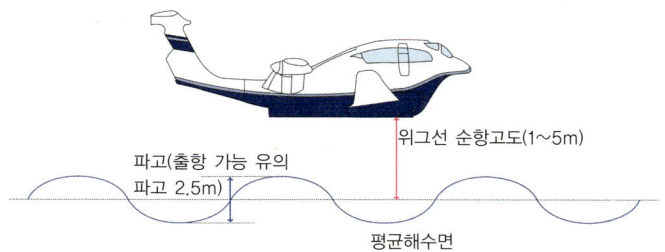

△ 위그선이 순항하는 높이

▷▶ 위그선이 이수 후에 움직이는 원리

비행기는 어떻게 움직일까?

먼저 비행기가 날아오르는 원리를 알아야 이해하기 쉬울 것이다. 무게가 꽤 나가는 비행기가 공중에 뜰 수 있는 것은 두말할 것도 없이 날개가 있기 때문이다. 그러나 날개가 있다고 모든 물체가 다 부양(浮揚)할 수 있는 것은 아니다. 비행기 날개에 어떠한 힘이 작용하기에 무거운 비행기가 하늘을 향해 날아오를 수 있는 것일까?

비행기의 날개를 만들 때는 날개 윗면의 면적을 크게 한다. 윗면을 지나는 공기들은, 상대적으로 면적이 좁은 아랫면을 지나는 공기보다 속도가 빨라진다. 공기의 흐름이 빠른 곳일수록 압력이 낮아지고, 공기의 흐름이 느린 곳일수록 압력이 높아진다는 '베르누이 정리'에 의해 날개 윗면의 압력이 상대적으로 낮아진다. 물이 높은 곳에서 낮은 곳으로 흐르듯, 비행기도 압력이 높은 곳에서 낮은 곳으로 이동하는데, 이런 원리에 의해 날개 아래의 공기들이 비행기를 위로 올라가게 하다 보니 '양력'이라는 뜨는 힘을 만들게 되는 것이다. 이 힘이 바로 비행기를 뜰 수 있게 하는 것이다.

우리 주변에서 일어나는 베르누이 정리

면적이 큰 트럭이 면적이 작은 오토바이 옆을 빠르게 지나가면, 오토바이가 트럭에 빨려가는 듯한 현상이 일어난다. 트럭 주위의 공기는 트럭의 넓은 면적을 흐르면서 속도가 빨라지고 압력은 낮아진다. 결국 상대적으로 압력이 높은 오토바이 주변의 공기가 트럭 쪽으로 쏠리게 되어 빨려가는 듯한 느낌이 드는 것이다.

위그선이 움직이는 원리

비행기는 양력에 의해 공중으로 떠오를 뿐만 아니라 앞으로 나아가기도 한다. 비행기가 앞으로 나아가는 힘을 얻기 위해 필요한 것은 엔진이다. 등하굣길에 이용하는 자동차나 버스가 엔진이라는 기관이 작동하여 움직인다는 사실은 알고 있을 것이다. 비행기도 마찬가지이다. 이렇게 앞으로 나아가는 힘을 추력이라고 한다.

물론 양력과 추력은 겉으로 드러나는 힘일 뿐 이들이 전부는 아니다. 일반적으로 어떤 물체에 이동 방향이 있으면 그 반대 방향으로는 저항력이 발생한다는 건 학교에서 배웠을 것이다. 양력에 대한 저항력은 중력, 추력에 대한 저항력은 항력이라고 부른다. 즉 양력이 중력보다 크고 추력이 항력보다 클 때, 비행기는 원하는 방향인 위로, 그리고 앞으로 움직이게 된다.

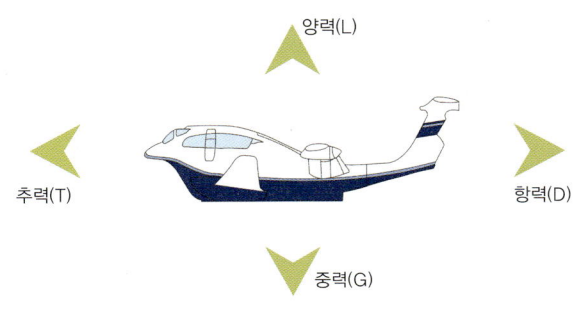

양력(L)

추력(T)

항력(D)

중력(G)

△ 이수 후 위그선에 작용하는 힘

▷▶ 비행기와 위그선의 차이_지면효과

　지면효과는 지면과 날개가 가까워지면서 날개 아래의 압력이 높아져 떠오르는 힘이 증가하는 반면, 항력은 감소하는 현상을 나타내는 용어이다. 여기서 나오는 '지면'이 주는 의미는 무엇일까. 이것이 바로 비행기와 위그선의 가장 큰 차이점을 나타내는 부분이다. 즉, 비행기는 지면보다 훨씬 높게 비행하고 위그선은 지면으로부터 가깝게 비행한다. 이 차이점 때문에 비행기는 양력을 이용해서 비행하고, 위그선은 지면효과를 이용하게 되는 것이다.

　지면효과는 비행기 기체가 지면 가까이로 다가가면서 날개 아래쪽의 경계면^{수면} 때문에 날개 주위의 공기 흐름이 변하게 되면서 경계면으로부터 수직으로 받는 힘이 커지는 원리이다. 이런 원리로 인해 생기는 장점은 두 가지로 정리할 수 있다. 한 가지는 날개가 경계면에 가까워질수록 아래쪽 공기의 속도가 더욱 낮아져 날개 아래쪽의 압력이 커지고 양력이 증가한다는 것이다. 앞서 설명한 것처럼 비행기나 위그선이나 날개에 적용되는 베르누이의 정리에 의해, 날개 아래쪽의 공기 압력이 높아진다. 이런 상황

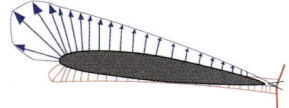 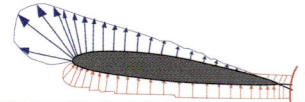

△ 날개로 인한 공기의 흐름

에서 기체가 지면 가까이로 다가갈수록 날개 아래의 압력이 커지게 되어 양력을 극대화하게 된다.

또 한 가지는 날개 끝에서 생기는 저항을 줄일 수 있다는 것이다. 아래 그림에서 보면 기체가 상공에 있을 때보다 지면 가까이에 있을 때, 날개 끝에서 발생하는 공기의 흐름이 적은 걸 확인할 수 있다. 날개 밑의 공기는 날개 아래에서는 이를 받쳐 주다가도 날개의 끝 지점에서는 더 이상 받칠 게 없어 둥글게 돌면서 오히려 날개 위로 올라온다. 이를 '와류'라고 하는데 이는 결국 비행기를 누르게 된다. 이 누르는 힘에 의해 비행기는 진행하는 힘을 방해받는다. 지면효과는 이러한 와류도 줄이는 효과가 있다.

이 두 가지 원리에 의해 지면효과를 이용하면 항공기에 비해 적은 힘으로 같은 무게의 위그선을 공중에 띄울 수 있다. 위그선의 운항 효율이 좋아지는 이유가 여기에 있다.

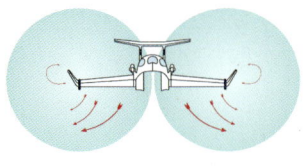

경계면(지면)

△ 고공과 지면 가까이에서의 공기 흐름의 차이

점핑

출발　　　이수　　　　순항　　　착수　　　　도착

△ **위그선의 전체 운항 단계** 위그선은 운항 단계별 지면효과의 영향력에 따라 출발→이수→순항→착수→도착의 운항 단계로 진행된다

　　위그선이라고 해서 비행 중에 순항만 하는 것은 아니다. 운항 중에 장애물을 만나면 점핑^{jumping}을 하여 피하기도 한다. 짧은 시간이기는 하지만 위그선이 나는 모습을 제대로 갖추기 때문에 이는 순항 상태일 때보다 더 비행기의 모습에 가깝다고 할 수 있다.

　　위그선이 목적지에 도착할 때는 급하게 멈춰서는 것이 아니라 목적지 도착 조금 전부터 속력을 줄인다. 속도를 낮추면 고도가 낮아지면서 지면효과를 일시적으로 많이 받는 상태에서 운항하면서 수면 위로 살짝 내려앉는다. 이 단계를 착수^{landing}라고 한다. 착수할 때는 충격을 최소화하기 위하여 착수 각도와 속도를 잘 조절해야 하며, 물에 닿을 때 튕겨나가지 않도록 설계할 때부터 신경써야 한다. 즉 충격을 견딜 수 있도록 배 아랫부분의 구조를 안전하게 설계해야 한다.

위그선은 부두를 출발하여 수면운항을 거쳐 이수하고, 순항운항을 한 후 착수하여 다시 수면운항 상태를 거쳐 목적지에 도착하는 운항 단계를 거친다.

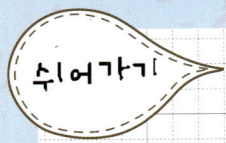

쉬어가기

연구자들의 고민

과학은 도깨비방망이를 휘두르면 뚝딱 결과가 나오는 근거 없는 학문이 아니라, 옛것을 익히고 그것을 바탕으로 새것을 만드는 온고지신溫故知新의 정신을 바탕으로 이루어지는 것이 대부분이다. 위그선을 제작할 때에도 기존 운송수단을 바탕으로 위그선에 적합한 설계를 찾아내기 위해 많은 고민을 해야 했다.

첫 번째 고민은 위그선의 엔진이었다. 위그선은 지면효과를 이용하기 위해 낮은 고도를 유지하며 비행해야 한다. 그런데 항공기에 쓰이는 (터보)프로펠러와 (제트)엔진은 높은 고도와 기온이 낮은 환경에서 효과적으로 움직이도록 되어 있기 때문에 낮게 떠가는 위그선에 장착할 경우에는 효율이 떨어질 수 있다. 그래서 위그선에 부착하게 될 엔진은 항공 엔진과는 다른 설계가 필요했다.

또 하나는 무게와 안전성 사이에서의 고민이다. 위그선은 기존 배와는 달리 이착수의 과정을 거친다. 그래서 위그선이 험난한 파도 속에서도 안전하게 이수와 착수를 하려면 선체가 튼튼

해야 한다. 따라서 안전성을 높이다 보면 선체가 두꺼워져 무게는 늘어난다. 그래서 이런 문제를 해결하기 위해 구조적으로 얼마나 안전한지 해석하는 소프트웨어 등 여러 프로그램을 도입해서 무게와 안전성의 균형을 찾기 위한 가장 적합한 수치를 찾는 과정을 거쳐야 했다.

마지막으로 위그선의 나아가는 힘, 즉 추진력에 대한 고민이다. 위그선이 수면에서 뜨는 순간이수에 보통 추가 추진력이 필요하다. 비행기도 이륙할 때 상당한 추진력이 필요하지만 이보다 위그선이 이수할 때에는 훨씬 높은 추진력어 요구된다. 따라서 엔진 성능을 높이거나 추가 추진장치 또는 특수한 추진장치를 설치해야 한다. 물론 이때에도 추가되는 장치로 인해 무게가 늘어나는 것을 고려해야 한다.

4부

위그선, 골라 타는 재미가 있다

무엇인가 새로 개발이 되면 개발 목적이나 연구자의 의도와는 달리 조금 엉뚱하게 이용되거나 사용 목적에 따라 여러 가지 형태로 변형되는 경우가 있다. 위그선도 예외는 아니어서 몇 가지 형태로 발달해 왔다. 모양에 따라 날개가 하나인 것과 날개가 두 개인 위그선, 크기가 크고 작은 위그선, 날아오르는 높이에 따라 높이 나는 것과 낮게 나는 위그선 등이 있다. 아마도 쓰임 목적에 따라 조금씩 변화를 주어 다양한 종류의 위그선이 만들어졌을 것이다. 그 중 위그선이 날아오르는 높이로 구분하는 방법과, 날개 모양에 따라 구분하는 방법이 가장 대표적이라 할 수 있다.

위그선은 날아오르는 높이로 종류가 나뉜다

국제해사기구IMO에서는 위그선이 부양할 수 있는 높이를 수면으로부터 150미터를 기준으로 하여 3종류로 구분하고 있다. 이 분류 방법의 중요한 기준인 높이는 지면효과가 적용되는지 여부에 의해 결정된 것이다. 앞에서 위그선의 운항 특성은 지면효과라고 했다. 이 지면효과 영역 내에서 이동하는가in ground effect, IGE, 아니면 지면효과 영역 밖으로 이동할 수 있는가out of ground effect, OGE의 기준과 고도 150미터가 또 하나의 기준이다. 이렇게 지면효과의 영역에서만 운항하는 위그선인지, 그보다 높은 상공을 비행할 수 있는 위그선인지에 따라 보통 A, B, C형으로 분류한다.

재미있는 사실은 모두 위그선임에도 불구하고 운항 높이에 따라 위그선의 운항 감독을 하는 기관이 달라진다는 점이다. A형과 B형은 항상 150미터 아래의 낮은 고도에서 움직인다. 때문에 이 두 가지 위그선은 배로 간주되어 국제해사기구IMO의 권한에 의해 통제를 받는다. 반면 C형은 150미터의 높은 고도를 오르내리기 때문에 국제해사기구뿐 아니라 민간항공의 발전을 주목적으로 하는 국제민간항공기구ICAO의 통제도 받게 된다.

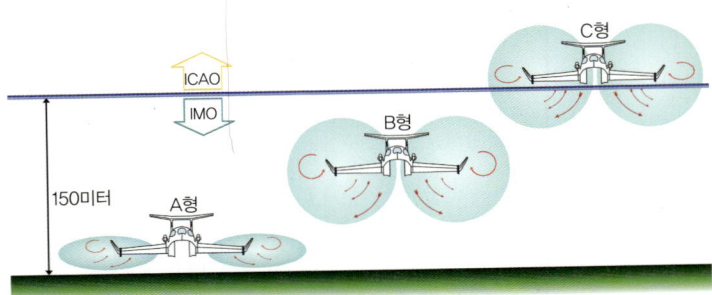

△ 운항 높이에 따른 위그선의 구분

A형 위그선

차분하지만 조금은 소심한 친구다. A형 위그선은 위그선이 지면효과를 활용해야 한다는 규칙을 철저히 지키느라 지면효과 영역을 절대 벗어나지 않는다. 지면효과로만 운항할 뿐 아니라 계속 수면 위에 바짝 붙어서 비행한다.

보통 위그선이 지면효과 영역 안과 밖을 자유자재로 넘나들기 위해서는 운항 형태를 변경해야 하고 그때마다 추가적인 힘인 추진력이 필요하다. 그런데 A형 위그선은 영역을 변경하면서 사용해야 할 추진력이 필요 없으므로 추진을 위한 연료 소비도 덜하고 엔진도 그만큼 강력하지 않아도 된다. 어쩌면 움직일 수 있는 영역이 제한되어 있어서 답답하다고 생각할 수도 있겠지만, 연료를 아낄 수 있을 뿐 아니라 이리저리 움직이면서 사고를 칠 위험이 줄어들어서 편하기는 하다. 이 때문에 다른 위그선에 비해 비교적 간단한 설계법만 있어도 A형 위그선을 제작하는 데에는 큰 문제가 없다.

B형 위그선

이 위그선은 필요한 경우 가끔 150미터를 넘지 않는 선에서 점프를 하기도 한다. 바다 위를 운항하다가 큰 바위가 나타나거나 갑자기 고래가 튀어 올라와도 놀라지 않고 이런 장애물들을 뛰어넘을 수 있도록 높이뛰기 연습 정도는 되어 있는 위그선이다. 이를 가능하게 하는 장치가 방향을 조종하는 방향타와 높낮이를 조종하는 승강타이다. 일반적으로 위그선의 꼬리 날개에는 이런 장치들이 달려 있는데, 특히 B형 위그선의 방향타와 승강타는 다이나믹 점프dynamic jump를 가능하게 해준다.

C형 위그선

여기에 속하는 위그선은 거의 비행기처럼 날 수 있다그 생각하면 된다. 지면효과 영역 밖에서도 지속적으로 날아가는 게 가능하기 때문이다. 처음 C형 위그선이 나왔을 때는 배가 상공을 자유롭게 난다는 사실이 매우 매력적이었다. 그러나 기능적인 부분만 생각해 보면 비행기와 다를 바가 없는데, 비행기보다 비행 능력은 떨어지므로 오히려 비효율적이다. 더구나 지속적으로 공중에 떠 있으므로 이를 배라고 해야 할지 비행기라고 해야 할지 논란이 있었다. 명확한 답을 찾지 못한 채 이 위그선은 군대로 보내졌다. 현재 C형 위그선은 거의 군용으로만 쓰이면서 간간이 개인적 용도로 사용될 뿐이다.

C형 위그선은 A형 위그선과는 달리 활동적이고 움직이는 영역이 넓어서 위험한 상황이 발생할 여지가 많다. 위험한 상황을 미리 방지하거나 피하기 위해 이 위그선은 안전성이 확보되어야 한다. 민첩하게 반응할 수 있도록 정교한 제어시스템^{control system}이 요구되는 등 A형 위그선에 비해 설계 조건과 제작 등이 까다롭다.

위그선의 모양과 기능에 따라 종류를 나눈다

위그선의 기능 중에서는 이수와 안정성이 제일 중요하다. 즉, 좋은 위그선이 되기 위해서는 적은 연료를 사용하면서 이수할 수 있어야 하고, 외부의 자극에 쉽게 흔들리지 않고 안정된 상태를 유지해야 한다. 그래야만 위그선이 효율적이고 안전하게 운항할 수 있기 때문이다. 이 두 가지 요소를 고려하다 보니 램윙, 리퍼쉬, 탠덤, 에크라노플랜과 같은 형태의 위그선들이 만들어졌다. 조금 복잡하기는 하지만 좀 더 다양한 모양의 위그선을 만날 수 있다.

램윙형 위그선

램윙Ram wing형 위그선은 초기 형태이다. 이 형태는 물 위로 잘 뜨고 높은 안정성을 가질 수 있도록 날개는 넓고 수평 방향의 큰 꼬리날개를 갖고 있다.

날개 끝은 아래로 굽어 있어서 날개 안쪽으로 공기를 안고 운항한다. 마치 양쪽 겨드랑이에 바람 풍선을 끼고 날아가는 모습을 상상하면 된다. 이런 상태는 날개 아래 바람 풍선이 위그선의 양력을 높여 주기 때문에, 일부 위그선들이 이수를 위해 이런 형태의 날개를 갖는다.

또 하나 눈에 띄는 특징은 커다란 꼬리날개이다. 이 날개는 위그선이 고도를 달리하며 위아래로 다양하게 날아다니는 상황에서도 수평으로 든든하게 버티고 있기 때문

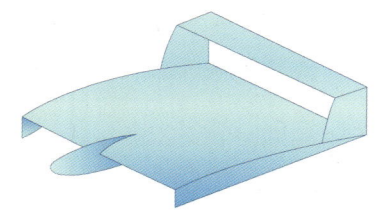

△ 날개와 선체배의 몸통가 하나인 램윙형 위그선의 형태

에 선체가 위아래로 흔들리는 불안정성을 해결해 준다. 그러나 사람도 몸을 지탱해 주는 하체가 튼실하면 안정적이기는 하지만 둔할 수 있듯이 위그선도 꼬리날개가 비대해지면 선체가 무거워지므로 느려질 수 있다. 최근에는 안정성도 중요하지만 속도도 무시할 수 없어서 꼬리날개의 크기를 줄이기 위해 합리적인 다이어트를 시작했다. 즉, 꼬리날개의 크기를 주날개의 50퍼센트에서 25퍼센트로 줄이면서 안정성은 최대한 보존하는 정도로 변화를 시도한 것이다. 램윙형 위그선은 최고참 선배인 만큼 시행착오도 많았지만 후배들의 모범이 되기 위해 계속 노력 중이다. 보다 나은 모습을 기대해도 좋을 것이다.

리피쉬형 위그선

리피쉬Lippisch형 위그선은 램윙형 위그선과 모습이 많이 닮았지만, 램윙형에 비해 꼬리날개의 크기가 작은 대신 안정성을 높이기 위해 꼬리날개를 T자형으로 만들었다. 날

개도 램윙에서 파생된 형태인 역삼각형이다. 리

피쉬형은 램윙형보다 형태는 날렵

하지만 여전히 안정적인 모습

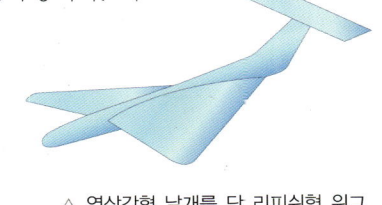

을 유지하고 있는 것을 확인할

수 있다.

△ 역삼각형 날개를 단 리피쉬형 위그
선의 형태

리피쉬라는 이름은 개발자의

이름을 딴 것으로, 1963년 개발자 리피쉬는 이 형태를 적용

한 위그선 X-112를 처음으로 개발했다. 리피쉬형은 이후

군사용과 레저용 위그선으로 이용되고 있다.

탠덤형 위그선

탠덤Tandem형 위그선은 안정성을 높이기 위해 아예 주

날개를 두 배로 키웠다. 이 형태는 램윙을 이중으로 붙이

는 대신 꼬리날개는 없애 버렸다. 상당히 파격적인 변신을

즐긴 친구였던 것 같다.

이러한 변화를 통해 탠덤형은 거의 완벽에 가까운 안정

성을 확보할 수 있게 되었다. 그러나 이런 뛰어난 안정성

이 지면효과 영역 안에서만 적용된다는 한계가 있다는 사

실은 꼬리날개를 떼어 내고 양 옆에 날개를 몇 개 더 붙인

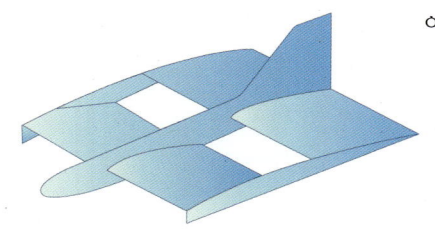

△ 평행한 두 날개를 갖는 탠덤형 위그선의 형태

이후에 깨달았던 것 같다. 1960년에 이미 러시아에서 탠덤 형태를 적용한 첫 번째 대형 위그선 CM-1을 개발한 것을 보면 말이다. 특히 양 옆의 날개가 무거워 지면효과가 발생하기 전까지는 많은 동력이 필요해서 그만큼 효율성이 낮았다. 형만한 아우는 없었는지 이런 문제점 때문에 러시아에서는 탠덤형 위그선의 개발이 취소되었다. 대신 이들도 램윙 형태를 선택하게 된다.

한편, 독일의 요르크Gunther Jorg는 탠덤 형태를 소형 위그선 설계에 활용한 적이 있다. 탠덤 형태는 단점도 많았지만 운항거리가 길다는 장점이 있어서 강에서 사용되는 레저용 위그선으로 적절했기 때문이다.

에크라노플랜형 위그선

에크라노플랜Ekranoplan형 위그선은 러시아 태생이다. ekranoplan은 '낮게 날아 보이지 않는 비행기'라는 뜻으로, 러시아의 중앙수중익설계국에서 설계해 건조한 위그선이다. 러시아에서는 일반적으로 대형 위그선을 에크라노플랜이라고 부른다. 날개는 대형 램윙 형태이며 날개 앞쪽에 제트엔진이나 프로펠러가 장착되어 있다. 이런 장치들은 날개 아래로 공기를 불어넣는 방식으로 설계되어 있어

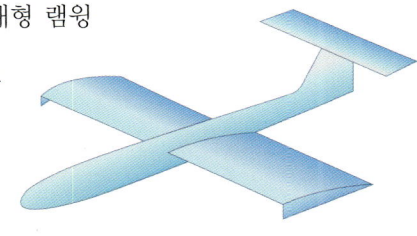

△ 비행기의 모습을 한 에크라노플랜 형태

일반 램윙보다 적극적으로 공기를 활용해 떠오를 수 있다. 이름에서도 알 수 있듯이 부양하는 기능에 초점을 맞추다 보니 거의 비행기와 모습이 비슷하다.

　이들 에크라노플랜형 위그선은 크기가 어마어마하게 큰 만큼 배의 몸체를 튼튼하게 만들어야 한다는 부담이 있다. 이로 인해 이수와 착수를 할 때는 무거운 선체를 들어 올리기 위해 강력한 힘이 필요하므로 연료가 많이 소비되는 등의 무리가 따른다. 이렇게 거대한 몸집의 위그선을 개발하고 이동시킬 수 있는 기술은 대부분 러시아에 집중되어 있다. 러시아의 기술진들은 이들의 단점을 보완할 방법을 여러 방면으로 찾고 있다.

5부

위그선의 닮은꼴이 있다

배와 비행기를 살펴보다 보면 위그선과 비슷하게 생긴 친구들이 의외로 많다. 모습도 비슷하고 종류도 많아 위그선과 정확하게 구분하지 않으면 헷갈리기 십상이다. 여러분은 수상비행기나 초고속선과 같은 이름을 들어 본 적이 있을 것이다. 도대체 이것들과 위그선은 뭐가 다른 걸까? 알고 보면 이 비슷비슷한 친구들의 장단점에 대해 고민했던 많은 흔적들이 모여 위그선을 개발하게 된 것이다. 사실 위그선을 개발한 기술의 상당 부분은 비행기 혹은 배의 기술에서 빌려온 것이다.

지금부터는 위그선과 비슷한 이 친구들이 어떻게 만들

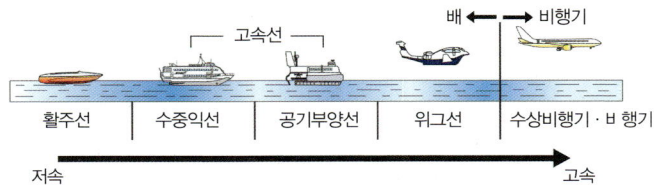

△ 위그선과 닮은꼴인 배와 비행기

어졌는지 살펴보려고 한다. 위그선보다 앞서 개발되었던 이 친구들에 관해 알아보다 보면 위그선의 탄생을 좀 더 쉽게 이해할 수 있을 것이다.

위의 그림은 위그선의 성격을 잘 보여 주고 있다. 그림의 왼쪽에는 비행기를 닮고 싶은 선박인 초고속선이 위치하고 있고, 오른쪽에는 물과 친한 비행기가 위치하고 있다. 그 중간에 있는 것이 바로 위그선이다. 이처럼 배와 비행기의 중간적 성격을 띠고 있기 때문에 배 중에도 또는 비행기 중에도 비슷한 친구들이 많다. 이제부터 위그선과 닮은꼴인 배와 비행기들을 만나 보기로 하자.

비행기가 되고 싶은 배_ 초고속선

위그선의 사촌쯤 되는 배를 꼽으라면 단연 초고속선을

△ 수중익선

꼽을 수가 있다. 초고속선을 설명하기 위해서는 먼저 일반 선박의 한계부터 알아보는 것이 이해하기 쉽다. 일반 선박의 약점은 속도가 느리다는 것이다. 그 단편적인 예로 부산에서 제주도까지 가는 데 반나절이나 걸린다. 선박이 속도를 내기 힘든 이유는 물의 저항 때문이다. 일반적으로 선박이 물로부터 받는 저항은 속력의 제곱에 비례하며, 이 저항을 극복하고 운항하는 데 필요한 에너지는 속력의 세제곱에 비례한다. 이 말은 속력을 빨리하면 할수록 저항하는 힘도 세지고, 이 저항을 극복하며 배가 운항을 계속하기 위해서는 에너지 소비도 급격히 증가하게 된다는 뜻이다.

이런 이유에서 선박의 속도를 빠르게 개선하려면 저항을 줄이는 것이 가장 먼저 해결해야 할 일이었다. 배의 저항을 줄이기 위해서는 수면과 부딪치는 선체의 겉넓이를 가능한 한 줄여야 한다. 특히 배가 파도치는 바다 위를 그 속으로 달릴 때는, 선체가 파도에 심하게 부딪쳐 흔들리기 때문에 배에 타고 있는 느낌인 승선감이 좋지 않을 뿐단 아니라 안전도 보장하기 어렵다. 이러한 문제점을 해결하기 위해서 선택할 수 있는 방법이 배선체가 가능한 한 파드에 닿지 않도록 물 위로 뜨게 만드는 것이었다. 이러한 원리를 이용해서 태어난 것이 바로 수중익선과 공기부양선과 같은 초고속선이다.

배 아래로 달린 날개, 수중익선

수중익선은 물 위를 스치듯 달려가는 배이다. 이 배는 위그선과 원리가 상당히 비슷하다. 아마도 물의 저항을 줄여 보자는 비슷한 고민에서 출발했기 때문일 것이라 생각되며, 그런 면에서 위그선의 선조격이라고 해도 지나친 말이 아니다.

비행선 설계자인 이탈리아인 포를라니니Enrico Forlanini는

△ 수중익선의 발명

호숫가를 산책할 때마다 보게 되는 느리게 운항하는 선박이 보다 빠르게 달릴 수 있도록 만들어 보자고 결심하게 된다. 1911년 포를라니니는 연구 끝에 수중익선을 제작하여 특별히 발명가 벨Alexander Graham Bell에게 선보이는 자리를 마련했다. 벨을 포함한 많은 사람들이 집중하고 있는 가운데 포를라니니의 수중익선은 성공적으로 수면을 날 듯이 달렸다. 벨의 감탄소리와 함께 수많은 사람들의 박수소리가 들렸다. 이후 포를라니니는 특허를 냈고 수중익선은 실물로 만들어지게 되었다. 이 수중익선은 1918년까지 시속 113킬로미터를 달리며 수상 스피드 기록을 달성했다.

우리나라에는 코비호KOBEE라는 쾌속선이 있다. 수중익선으로 분류되는 이 선박은 부산에서 일본 하카다博多까지 218킬로미터를 2시간 55분이면 갈 수 있다. 최근 취항한 지 5년 만에 누적승객 100만 명을 돌파했다고 한다. 코비호에는 한 번에 기껏해야 200명 남짓 탈 수 있다. 그럼에

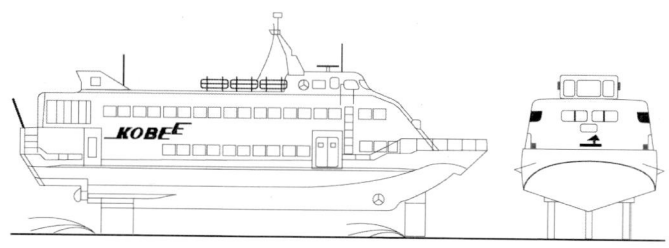

△ 코비호 레이아웃

도 이렇게 짧은 시간 내에 엄청난 실적을 기록할 수 있었던 것은, 날렵한 모양새에서 알 수 있듯이 속도가 시속 80킬로미터 정도로 국내에서 가장 빠를 뿐만 아니라 전 세계적으로도 손에 꼽히는 쾌속선이기에 가능했다.

우리나라에 3척 있는 이 배는 탄생부터가 남다르다. 항공기 제조사로 잘 알려진 미국의 보잉Boeing사가 1970년대 월남전에 투입하기 위해 군사용으로 제작을 시작해 1975년에야 처음 상용화했다. 공식명칭은 보잉 929로 전 세계에 40척밖에 없다. 이 배는 비행기의 원리를 배에 적용하기 위해 날개를 달기는 달았으나 선체 옆이 아닌 배의 바닥에 달았다. 배의 밑바닥 앞뒤에 장착된 두 개의 날개는 물속에서 양력을 발생시켜 무게 306톤짜리 배를 수면으로부터 2.5미터 들어올린다. 배가 물 위를 떠서^{부양} 달리다 보

△ 우리나라의 대표적인 수중익선 코비호

니 3~4미터 정도의 파도에도 전혀 흔들림 없이 운항할 수 있다. 따라서 이 배는 웬만한 날씨에도 운항을 취소하는 법이 없다. 또한 연료로는 일반 선박과 달리 열효율이 높은 저유황경유를 사용하기 때문에 한 번 주유하면 부산에서 서울까지 갈 수 있을 정도라고 하니, 배주인인 선주에게는 효자 노릇을 톡톡히 하는 놈이라 할 수 있겠다.

공기쿠션 위에 떠가는 공기부양선

공기부양선은 에어쿠션선air cushion boat이라고도 하며, 속도는 수중익선과 비슷하다. 공기부양선은 추진장치와는 별도로 공기를 밑으로 뿜어서 수면과 선체 사이에 공기쿠션을 만들고, 이 공기쿠션을 이용하여 선체를 물 위로 살짝 띄운 상태에서 항해한다. 공기부양선의 또 다른 특징은 물 위나 육상, 즉 바다와 육지 양쪽에서 모두 운항할 수 있다는 것이다.

공기부양선은 아래 그림에서 볼 수 있듯이 유연성이 있는 고무로 된 스커트Skirt라는 부품으로 선박의 몸체 아래를 감싸고 있다. 공기흡입구를 통해 들어온 공기는 이 스커트 아래로 유도되어 이곳에 바람을 불어 넣어 공기쿠션을 형

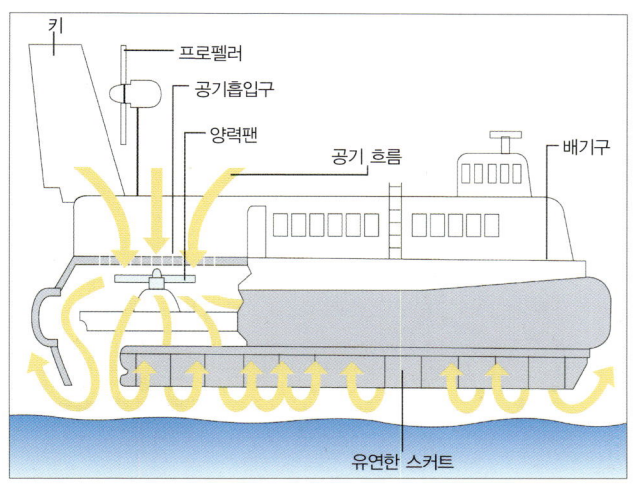

△ 공기부양선의 구조

성하게 된다. 이 공기가 선체를 들어 올려 물 위에 뜬 상태로 운항하게 하는 방식이다.

공기부양선의 원리는 19세기 중반에 이미 알려졌으나, 당시의 기술로는 이 아이디어를 실현시킬 수 없었다. 1916년이 되어서야 오스트리아 해군이 처음으로 공기부양선을 선보였고, 1953년 영국의 코커렐Christopher Sydney Cockerell이 배가 받는 저항을 줄여 배의 속도를 고속화하려는 연구를 지속한 결과, 현재의 호버크라프트Hovercraft로 발전시켰다. 발상지인 영국에서 가장 발달했으며, 1957년 도버해협 횡단

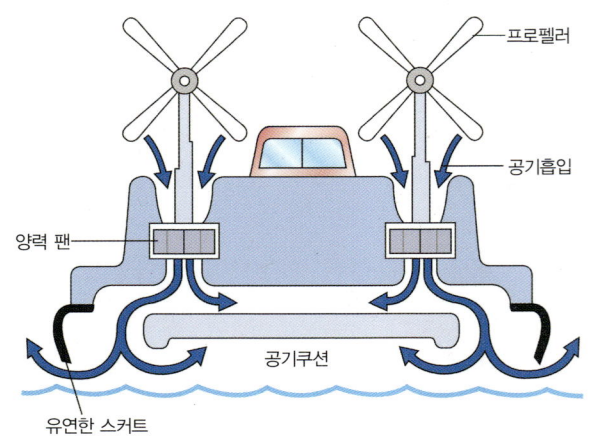

△ 공기부양선의 원리

에 성공하기도 했다. 1960년대 후반부터는 영국과 프랑스 사이의 도버해협에 공기부양선을 띄워 승객과 자동차를 수송하기 시작했다. 미국에서는 주로 군사용으로 개발되고 있다.

공기부양선은 배의 아래에 공기쿠션을 만든다는 점, 속도가 빠르다는 점, 특별한 항만 설비가 필요 없이 일반 해변에서도 출발하고 도착할 수 있다는 점, 수륙양용으로 활용할 수 있다는 점이 위그선을 많이 닮아 있다. 또한 둘 다 지면효과를 이용한다는 공통점도 갖는다. 그러나 초고속선은 공기를 배 밑으로 불어 넣어 정지해 있을 때에도 떠 있는 정적 쿠션을 이용하는 반면, 위그선은 고속으로 달릴 때에만 날개 밑에 동적 쿠션을 만든다는 점이 다르다.

물과 친한 비행기

바다와 땅에서 자유자재로 이착륙이 가능한 수륙양용 비행정

1936년에 미국의 보잉사가 점보기라 할 만한 초대형 여객기를 개발했다. 이 점보기는 물에서 뜨고 내리는 것은 물론이고, 바퀴가 있었으며 육지에서도 뜨고 내릴 수 있는 수륙양용 비행정이었다.

그런데 왜 굳이 비행기를 바다에서 이착륙시키고 싶어
했는지 궁금해진다. 배는 바다에서, 비행기는 육지에서 각
각 이용하면 되는 것 아닌가?! 우리나라만 해도 인천공항을
비롯하여 김포, 김해, 제주 등 공항이 많은데 말이다. 문제
는 옛날 비행기이다. 지금 하늘을 나는 제트 여객기는 중간
에 착륙하지 않고 한 번에 대양을 건널 수 있지만, 예전 비
행기는 중간 중간에 기착하여 연료를 보충해야 했다. 요즘
비행기처럼 연료를 필요한 만큼 한꺼번에 많이 실을 수 없
었기 때문이다. 그래서 해변을 활주로로 이용할 수밖에 없
었다. 이렇게 필요에 의해 비행기를 바다에서든 육지에서
든 움직일 수 있도록 설계한 것이 수륙양용 비행정이었다.

△ 1930년대 수륙양용 비행정 보잉 314

대양을 건너다니는 상업적
인 여객 비행을 처음 시작한 것
은 미국의 최대 국제선 항공사
중의 하나였던 팬암PANAM이었
다. 1934년 팬암은 시코르스키
Sikorsky S-42에 승객을 태우고
대양을 건너는 상업 비행을 시

△ 첫 상업용 비행기인 PANAM의 시코르스
키 S-42

작했다. 처음으로 승객을 싣고 대양을 넘나들던 이 여객기
가 바로 수륙양용 비행정이었다. 최초로 여객기 구실을 했
던 덕에 이 비행정은 진정한 수륙양용 비행정의 시초라 불
렸으며, 당대의 가장 아름다운 비행기라고 칭송을 받기도
했다.

물에 살포시 내려앉는 수상비행기

1992년에 일본의 미야자키宮崎駿 감독이 만든 『붉은돼
지』라는 애니메이션은 이탈리아의 근해인 아드리아해를
배경으로 하고 있다. 시기는 제1차 세계대전 직후 무솔리
니Mussolini가 최고 통치자가 되어 다시 전쟁의 기운이 커져
가고 있을 무렵이다. 비행을 동경하던 미야자키 감독은 다

른 작품에서와 마찬가지로 이 애니메이션에서도 여러 차례 비행 장면을 등장시킨다. 여기서 주인공인 마르코가 조종하던 비행기가 바로 수상비행기이다.

수상비행기는 생김새가 배처럼 생겼지만 물에서 위로 뜨는 힘인 부력을 이용한 비행기이다. 『붉은돼지』에서는 고전적인 모습의 수상비행기에서 느낄 수 있는 낭만과, 마법에 걸린 중년의 우스꽝스러운 돼지의 모습이 모순되면서도 은근한 조화를 이루어 표현되고 있다. 이러한 수상비행기를 보면서 더욱 향수에 젖게 되는 것은, 안타깝게도 수상비행기의 종적을 찾기 힘든 현재의 상황 때문이다. 활주로 건설 기술이 좋아지고 비행 기기들이 발달하면서 지금은 굳이 비행기를 바다에 띄워 놓거나, 선박의 모양과 기능을 이용하여 부력을 활용할 필요가 없게 되었다. 이러한 이유로 비행기의 기능을 굳이 수상과 연결시킬 필요성이 줄어든 것이다. 또한 바닷물에 의한 부식이 심하다는 점, 일반적으로 비행정이 뜨고 내리기에 적당한 수면 상태를 유지하기 힘들다는 점 등 기존의 수상비행기가 갖고 있던 단점들 때문에 최근에는 삼림 화재, 구난과 같은 특수한 용도로만 사용되고 있다.

6부

다른 나라에서는 언제 위그선을 만들었을까?

1976년 미국의 첩보위성은 카스피해에서 '괴물체'를 발견했다. 수면 위를 낮게 떠서 그림자를 드리운 채 움직이는 거대한 물체가 마치 괴물 같다고 하여 그 뒤로 이 물체는 '카스피해의 괴물'이라고 불렸다. 1부에서 잠깐 이야기했듯이 이 물체는 1960년대에 러시아당시는 소련에서 개발한 위그선이었다. 위그선이 육중한 몸체를 대중 앞에 처음 내보인 것이 바로 이때였다.

위그선의 원리인 지면효과는 비행기의 발달 초기에 이미 알려져 있던 이론이다. 이미 제2차 세계대전 직전인 1935년 스칸디나비아반도에 위치한 핀란드에서 지면효과를 이용한 실험용 배가 건조되기도 했다. 1960년대에 러시아에서 에크라노플랜이라는 이름으로 본격적인 개발이 이루어져서 실제 위그선이 모습을 드러낸 것도 그 무렵이지만, 위그선의 원리와 이론에 대한 연구는 1920년대부터 이미 시작되었던 셈이다. 1920년과 1960년의 시간 차이는 엄청난데, 원리를 알면서도 개발하는 데 오랜 시간이 걸린 이유는 무엇일까? 또한 현재까지 위그선의 개발은 어떠한 진척을 보이고 있으며 어떻게 발달해 왔는지 그 과정을 살펴보기로 하자.

1920년대_ 위그선이라는 독특한 발상!

지면효과는 1920년대 비행기의 착륙 성능을 높이는 방법 중의 하나로 소개되면서 주목받기 시작했다. 즉, 비행기가 착륙할 때 기체가 지면과 가까워지면서 날개 아래에 생기는 양력이 잠깐 완충작용을 하면서 좀 더 부드럽게 착륙할 수 있게 해준다. 이러한 원리가 사람들의 관심을 끌었던 것이다.

몇 종류의 비행기는 착륙뿐만 아니라 비행할 때도 좀 더 많은 양력을 얻기 위해 지면효과를 활용했는데, 대표적인 예가 대서양을 횡단한 수상비행기(제5부 참고) 도르니에 도엑스Dornier DO-X이다. 지면효과를 이용함으로써 항력은 줄고 양력이 늘어난, 즉 양항비양력 대 항력비가 증가한 도르니에 도엑스는 좀 더 먼 거리를 운항할 수 있게 되었다. 지면효과는 이것뿐만 아니라 제2차 세계대전 당시에는 엔진이 손상된 군용 비행기에도 활용하여 비행기가 고장난 상태에서 고도를 낮추어 비행할 수 있는 원리로도 이용되었다. 결국 지면효과로 양항비가 증가한 이들 비행기들은 긴 운항거리를 안전하게 운항할 수 있었다.

앞에서 이야기한 대로 1921년에 이미 지면효과에 대한 이론적 설명은 가능했다. 미국과 러시아옛 소련와 같은 국가에서는 지면효과 활용에 관심을 가지면서 배에 적용시키는 방안을 검토하기 시작했다. 이때부터 우리의 주인공 위그선은 조금씩 세상 속으로 나왔다고 할 수 있다. 그러나 위그선의 초기 설계와 제작건조 과정에서는 이수할 때 생기는 물의 저항을 극복하는 방법을 찾지 못하여 개발에 어려움을 겪었다. 위그선이 물 위에 뜨기 위해서는 상당한 힘이 필요한데 여기에 물의 저항까지 더해져 방해를 받았으나 이를 해결할 방법은 찾지 못했던 것이다. 이후로 위그선은 개발에 차질이 생기면서 이렇다 할 성과를 내놓지 못하게 되었다. 피치 못하게 기술적 난관에 부딪힌 위그선 개발은 주춤하게 되고, 선박업계는 위그선의 한계를 분석하며 명쾌한 답을 찾아줄 연구자가 나타나기만을 기다릴 수밖에 없었다. 이때만 해도 과연 위그선이 어려움을 극복하고 세상 빛을 볼 수 있을지는 확신할 수 없었다.

1960년대_ 위그선의 개발 초기

위그선에 지면효과를 적용하기 위한 수많은 연구가 진행되었지만 1920년으로부터 무려 40년이나 지난 뒤인 1960년대에 러시아옛 소련에서 드디어 최초의 위그선 설계가 완성되었다. 이전까지 위그선은 개념으로만 설명이 가능했던 동화 속 이야기와 같은 존재였으나, 위그선의 설계도가 실제로 제작되면서 구체적인 모습을 드러내게 된 것이다. 처음 위그선을 설계한 사람은 러시아의 카이로Fin Kaairo였다. 러시아는 카이로의 위그선 설계를 계기로 위

△ 러시아 최초의 군사용 위그선 SM-2P

그선 건조에 노력을 기울인 결과, 1962년 최초의 군사용 위그선인 에스엠-투피SM-2P를 세상에 내놓았다.

미국에서도 카이로와 비슷한 시기에 리피쉬Alexander Lippisch가 위그선을 설계함으로써 1963년 위그선 제작에 착수했다. 이때부터 위그선 개발 움직임이 여기저기서 윤곽을 보이기 시작했다. 위그선 연구는 오랜 숙성과 고민의 세월을 보내고 나서 1960년대가 되어서야 자신의 역할을 톡톡히 하게 된 것이다. 특히 러시아는 오랜 기간 위그선의 근본과 기초를 탄탄히 다져 이를 바탕으로 위그선 개발과 활용에 적극적이었다.

위그선 개발의 중심에는 알렉세예프Rostislav Alexeyev라는 젊은 과학도가 있었다. 그는 젊은 시절부터 볼가강 주변에서 스피드를 즐길 수 있는 것은 무엇이든 끊임없이 시도를 하였으며, 조종사로 활약할 때에는 위험할 정도로 낮은 고도로 강을 따라 비행하곤 했다. 이런 과정들이 알렉세예프가 지면효과를 연구하는 데에 상당한 도움을 주었다. 그는 1950년 선박설계사로 일하면서 날개 달린 배를 제작한 것을 시작으로 위그선 개발을 실현시키기 위해 고군분투했다. 러시아 정부도 알렉세예프의 프로젝트를 지원하기 위

△ '카스피해의 괴물'로 불린 KM

해 군사 개발비를 투자하게 된다. 이런 노력 끝에 1966년 엄청난 덩치의 위그선, 바로 '카스피해의 괴물' 케이엠KM이 개발됐다. 지금까지 개발된 위그선을 통틀어 가장 큰 크기라고 하니, 케이엠을 본 사람들이 그 크기와 빠르기에 경악했던 것은 당연한 일이었는지도 모른다.

　이러한 노력들이 쌓이고 쌓여 위그선 설계에 대한 지침이 마련되었고 위그선의 구조와 제작 절차가 정립되었다. 위그선에 대한 초기 연구가 대부분 러시아에서 이루어지다 보니 위그선에 대한 자료와 기초 이론 역시 러시아 연구진들에 의한 것들이 많았다.

　러시아의 초기 연구가 개념과 기초 설계에 초점을 맞췄다면 미국은 위그선의 실용화에 관심이 높았다. 특히 위그선을 군사용으로 활용하고자 했다. 이에 맞추어 위그선에 대한 개념 설계 연구를 포함한 많은 양의 이론적이고 실험적인 연구들이 진행되었다. 이들 연구 보고서는 주로 위그선을 개발하는 데 필요한 비용과 투입된 비용 대비 얻을 수 있는 이득에 초점을 맞추고 있었다. 이런 과정에서 자연스레 기술이 축적됨으로써 러시아에 비해 위그선을 보다 실용적으로 개발하게 되었다.

미국에서는 1960년대 중반 위그선에 또 한 번의 위기가 찾아왔다. 위그선이 이수와 착수할 때 필요한 힘을 충분히 확보해야 하는 문제와 씨름하는 사이, '표면효과익선'이라는 고속선이 개발되어 위그선보다 매력적이고 경제적인 모델로 제시되었기 때문이다. 결국 미국은 위그선 생산에 대한 노력을 중단하게 되고 리피쉬의 X-112 설계는 독일 회사 RFB^{Rhein Flugzeugbau GmbH}에 팔렸다.

독일은 1960년대 후반부터 리피쉬의 설계들을 사용하여 위그선 개발 작업에 착수하여 위그선 X-112, X-113을 개발했다. RFB는 독일 국방부와 계약을 체결하고 계속해서 X-114를 개발하는 기세를 올렸다.

미국이 개발을 중단하면서 독일로 위그선 기술이 상당 부분 이전되는 등 기세가 꺾인 반면, 오랜 경험을 축적하며 꾸준히 위그선에 관심을 가져온 러

△ 리피쉬의 X-112의 운항 모습

시아가 위그선의 강국으로 떠올랐다. 이런 러시아의 강세는 1980년대 후반까지 이어졌다.

1970~1980년대_ 러시아의 독보 행진

위그선은 설계와 제작의 단계를 어렵게 거쳐 모형선을 만들어 시험 운항 단계까지 무사히 끝낼 수 있었다. 이제 남은 건 위그선이 실제로 바다 위를 달리는 일이었다. 이 숙제를 해결한 것은 1970년대 러시아^{옛 소련}였다. 러시아는 1979년에 올리오녹^{Orlyonok}이라는 위그선을 개발하여 병력 운송을 위해 처음으로 실제 운항을 했다. 위그선은 낮게 떠가면서도 빠르기 때문에 적군의 레이더망에 잘 걸리지 않는다는 특성이 있어서 군사적으로 이용하기에 적절했다. 러시아 해군은 1990년대 초반까지 이러한 위그선의 특성을 10년 이상 활용하면서 위그선

△ 병력 운송을 위한 위그선, 올리오녹

강국으로서의 위상을 떨쳤다.

1980년대 소련^{소비에트 사회주의 공화국 연방}이 붕괴되기 전까

지 위그선은 몇 종 더 개발되었다. 1989년에는 위그선 앞쪽에 미사일을 장착한 새로운 모델인 룬Lun을 시운전하기도 했다. 룬은 미사일 6발을 동시에 발사할 수 있도록 만들어졌다고 한다. 사진으로 보아도 룬은 전쟁터와 상당히 잘 어울릴 것 같다.

위그선의 활발한 개발과 운항에도 불구하고 소련의 붕괴와 함께 러시아에서는 위그선에 대한 관심이 대폭 줄어들었다. 소련의 붕괴는 냉전 시대의

△ 선체 앞쪽에 미사일을 장착한 룬

종식을 의미했는데, 이는 전쟁이 일어날 위험이 줄어드는 것으로 전쟁에 대한 대비가 무의미하다는 뜻이다. 따라서 군용으로 개발되던 위그선은 개발비 등 재정적인 어려움을 겪게 되었다. 이후 한 때는 영웅으로 추앙받던 위그선 개발자들은 갈 길을 잃었고, 당시 위그선의 걸작으로 꼽혔던 에크라노플랜도 운항되지 못하고 저장고에서 보관되는 처지에 놓였다.

위그선은 결국 시대의 전환과 함께 역사의 뒤안길로 사

라져 버리는 듯했다. 그러나 이대로 사라지기에는 위그선에 너무 많은 사람들의 포부와 희망이 담겨 있었다. 위그선 개발 초기부터 참여하여 소련이 붕괴할 때까지 위그선에 온 힘을 바쳤던 개발자들도 희망을 떨칠 수 없었다. 이들은 군사 목적으로 진행, 완성된 위그선의 기술을 민간용으로 전환하자는 새로운 의견을 내놓았다. 냉전 체제가 종식되고 군사 목적으로만 위그선을 개발하기에는 한계가 있다는 이들 의견이 받아들여지면서 이때부터 러시아에서는 민간용 소형 위그선 제품을 생산하기 시작했다.

1990년대~현재_ 조금은 아쉬운 개발

이제 위그선은 대규모 자금을 투입하여 국가적 차원에서 진행하는 프로젝트라기보다는 민간에서 상업적으로 활용할 수 있는 상용 위그선 위주로 개발의 방향이 바뀌었다. 위그선 개발에 앞장섰던 미국과 러시아에서도 이전처럼 국가라는 거대 조직이 아닌 다양한 규모의 기업들이 위그선에 투자를 하기 시작했다. 특히 1990년대 이후에는 독일, 러시아, 중국, 미국, 호주와 같은 국가들이 2~16인승의 소형 위그선 제작에 관심을 갖기 시작했다. 주로 규모가 크지 않은 중소기업들은 소형 위그선에 대한 설계와 제작을 담당했으며, 큰 규모의 회사들은 대형 위그선 시장을 겨냥한 위그선 개발에 관심을 갖고 있었다. 이들의 투자는 주로 위그선의 상용화에 집중되었으므로 레저용 소형 위그선 개발이 위그선 산업을 선도하게 되었다. 이렇게 개발된 위그선들은 바다에서 휴양할 때 요트처럼 개인이 이용하거나, 바다 관광을 위해 운항하는 유람선으로 사용하게 될 것이다.

이렇게 개별 기업들이 위그선을 개발하고 제작하여 판매하기 위해서는 해결해야 할 문제가 또 하나 있었다. 바로 개발 자금이 부족하다는 것이다. 일반적으로 기업들은 위그선을 설계한 뒤 이를 상용화하는 과정은 정부에 도움을 요청하게 된다. 이들의 제안을 정부가 받아들여 수행하게 되기까지는 복잡한 절차를 거쳐야 한다. 이러한 이유들로 미국과 독일을 제외한 대부분의 나라에서는 많은 제안이 나왔음에도 불구하고 아직 실제로 위그선을 개발하는 단계까지 진척되지 못하고 있다.

러시아

국가의 주도 하에 군사용으로 진행되던 위그선 개발이 1990년대에 민간 시장 위주로 전환되는 데 가장 큰 역할을 한 것은 1985년에 개발된 볼가-투Volga-II였다. 볼가는 위그선을 민간에서 사용하기 위한 첫 시도였으므로 개발자들은 볼가에 많은 기대를 걸었다. 볼가는 케이엠KM의 기술을 이어받았으며 기존의 배보다 훨씬 빠른 속도를 낼 수 있도록 개발되었다. 그러나 옛 소련 시절에 배와 잠수함을 만들던 공단 지구가 군사상의 보안 문제를 이유로 폐쇄되면서 볼가의 개발은 중단될 수밖에 없었다.

위그선 개발자 중의 한 사람인 시니친Dimitri Sinitsyn은 저장고 안에서 녹슬어 가는 위그선을 안타깝게 생각했다. 러시아 정부로부터 지원금을 받는 것이 어렵다고 판단한 그는 스스로 암피스타Amphistar라는 회사를 만들어 위그선 제작을 재개했다. 암피스타의 활동이 시발점이 되어 러시아에서는 대형 위그선에 대한 설계가 제안되는 등 다양한 활동이 이루어졌다. 케이엠의 제작 경험을 갖고 있던 암피스타사는 자신들의 기술력과 경험을 바탕으로 하여 암피스타호를 제작하게 되었다. 암피스타호의 실질적 제작이 가

능했던 것은 1990년대에
접어들면서 자본을 제공
해 줄 투자자의 도움을
받아 미국으로 본사를
옮긴 이후였다. 이들은
암피스타사의 설립을 계

△ 암피스타호

기로 사장될 뻔한 위그선이 위기를 극복하고 다시 한 번
'카스피해의 괴물'이 가져왔던 혁신을 실현할 수 있을 것
이라는 희망을 품었다.

독일

러시아보다는 다소 늦었지만, 위그선의 민간 개발에 매
력을 느낀 독일은 개발자들의 노력으로 위그선의 개발 속
도가 눈에 띄게 발전하게 된다. 가장 대표적인 예가 피셔
플러그메카닉Fischer Flugmechanik사와 테크노 트렌스Techno Trans
연구소로, 이들은 독일 정부의 지원으로 차세대 위그선 개
발 사업을 추진했다. 이들은 1997년 선체와 물의 접촉이
적은 호버윙Hoverwing 기술을 개발했으며, 가장 성공적인 모
델로 평가받고 있는 HW-2VT를 제작했다. 1997년

△ HW-2VT

HW-2VT은 처녀운항을 하여 최대속력 시속 130킬로미터를 기록하면서 독일의 건조 기술을 다시 한 번 세상에 인정받게 된다.

독일에서는 현재까지도 다양한 위그선이 개발되고 있다. 80인승의 HW-80은 시속 180킬로미터의 속도로 달릴 수 있는 여객선이며, 발트해에서 관광용으로 운항할 목적으로 개발되고 있다. 군용으로는 20인승 HW-20이 현재 설계를 마친 상태이다.

미국

러시아와 독일에서 민간 위그선 개발이 한창일 때 미국은 주변 상황을 살피며 위그선 개발을 준비하고 있었다. 위그선 개발에 단순히 관심을 보이는 것에 그치지 않고 상용화 문제에 적극적이고 확고한 의지를 보였다. 이 시기에 미국은 몇몇 중소기업들이 가까운 해협을 횡단하면서 육상교통을 잇는 소형 페리와 레저용 위그선을 설계하여 시험 운항했다. 이런 노력들이 모여 위그선의 상용화를 실현시켜서 상업용 운항을 위한 L-325가 생산되게 되었다.

△ L-325호

2002년에는 세계 최대 항공기 제조업체인 보잉사가 위그선 '펠리칸Pelican' 프로젝트에 착수했다. '펠리칸'은 케이엠을 제작한 알렉세예브Alexeiev의 기술을 이어받은 프로젝트이다. '펠리칸'은 사진에서 보는 것과 같이 네 개의 터보프로펠러 엔진이 달려 있으며, 두 개의 화물을 싣는 갑판으로 구성된 초대형 위그선이다. 앞서 미국에서 제작되었던 L-325호는 소형 위그선이었던 반면, 보잉사는 지면효과의 장점을 최대한 살리기 위해 초대형 위그선에 초점을 맞추고 있었다. 보잉사는 위그선의 크기가 커질수록 날개가 커지면서 위그선의 효율이 높아진다는 의견을 갖고 있었다.

△ 초대형 위그선 펠리칸호

미국의 퍼시픽 씨플라이트Pacificseaflight사에서는 관광을 목적으로 '블루돌핀Blue Dolphin'이라는 위그선을 개발했다. 알래스카의 섬과 섬을 연결하는 바닷길에 승객 수송, 화물

수송, 관광 등을 위한 14인승 위그선이 운항을 준비하고 있다. 이들은 운송 비용이 비싼 비행기와 속도가 느린 배의 대안으로 위그선을 제시하고 그들의 야심찬 전략이 좋은 효과를 거두길 기대하고 있다.

그 외의 나라

러시아, 독일, 미국을 제외한 다른 나라에서는 위그선과 관련하여 눈에 띄는 성과가 별로 없었다. 다만, 위그선이 기존 선박이 해줄 수 없었던 혜택을 가져다 줄 것이라는 생각을 하며 서서히 관심을 갖는 정도의 움직임을 보이고 있다.

우리나라와 지리적으로 가까운 중국의 경우는 위그선을 주로 군용으로 개발하고 있다. 중국 선박과학개발센터에서는 1992년 4인승 XTW-1과 1995년 14인승 XTW-2를 개발한 것에 이어서, 1999년에는 20인승 위그선인 XTW-4를 개발했다. 최근에는 연안 경비용으로 개조한 XTW-5 개발에 성공했다. 2007년에는 퉁지대학이 4톤급 위그선 개발에 성공했으며, 이후 2013년에 50인승, 2017년까지 200~400톤급 위그선을 차례로 개발할 예정이어서 관심을 모으고 있다.

일본도 위그선 기술을 도입하여 고속선의 설계와 건조 시장에서 선두 자리를 확보하려는 노력을 하고 있다. 위그선이 전 세계 조선 산업계에서 자신들의 위상을 높여줄 것이라는 기대를 갖고 있었다. 그 결과, 1990년대 말 100인승 위그선 개발을 위한 기본 설계를 완료했으나 아쉽게도 자금 투자자를 구하지 못해 건조까지는 진행되지 못했다. 현재까지도 더 이상의 진척은 보이지 않고 있다.

뒤늦게 호주가 위그선 개발에 뛰어들어 늦깎이로 위그선 개발 국가에 포함되었다. 1990년대 초 개발에 동참하기 시작해 크고 작은 여러 기업에서 소형 위그선 개발을 위한 연구 활동이 꾸준히 지속되고 있다. 그러나 늦은 출발 탓인지 아직 실제로 위그선을 생산하지는 못하고 있다.

위그선 개발은 처음에는 국가간에 서로 비밀리에 진행되어 진척 상황이 베일에 싸였었으나, 러시아의 선구적 역할로 세상의 이목을 집중시키며 화려하게 우리 앞에 그 모습을 드러냈다. 전 세계의 냉전 체제 종식으로 군사적 활약이 줄어들면서 그 역할과 위상을 잃고 위기를 맞기도 했지만, 상업용 민간 개발 위그선이 추진되면서 명맥을 유지했다. 그러나 이후에는 재정적 어려움 때문에 개발이 중단되는 등의 고비를 넘기면서 고군분투하고 있다. 위그선은 50년이 넘는 세월을 지내오는 동안 위기 속에서도 끊임없이 거듭나는 생명력을 보이고 있다. 이러한 노력과 경험들을 바탕으로 이후 차세대 운송수단으로 자리매김할 수 있는 모습을 갖추게 될 것이다.

7부

세계 최강의 조선 강국, 우리나라가 위그선을 개발한다

우리나라와 배의 인연

신석기시대 이후 우리나라와 일본과의 교역을 여러 방면에서 추적하다 보면 재미있는 사실을 하나 발견하게 된다. 그 옛날 우리나라가 먼저 배를 만들어 일본으로 건너갔다는 사실을 추정할 만한 자료들이 여럿 출토된 것이다. 일본 전역에서 고라니의 이빨, 투박조개와 같은 유물들이 확인되는데, 이들은 전 세계에서 중국과 한반도에서만 서식하는 동물이었다.

이 동물들은 대한해협의 험한 바닷길을 어떻게 건너간 것일까? 또한 일본 이기리키 유적에서 우리나라 울산의 반

구대 암각화에 새겨져 있는 배의 모습과 비슷한 통나무배가 발견되기도 했다. 이런 몇 가지 증거들을 통해 봤을 때 추정해 낼 수 있는 가장 유력한 답은, 우리나라에서 일본으로 건너간 고래잡이배로 이들이 옮겨졌다는 주장이다. 이러한 사실들은 우리나라가 일찍이 배를 제작했을 것이라는 추측을 뒷받침해 준다. 선사시대의 유물로 배가 발견된다는 것은 세계적으로도 그 유례를 찾아보기 힘들다. 이때부터 우리에게 '배'의 의미는 남달랐던 것 같다.

이후로도 우리 배는 눈에 띄게 진보했다. 조선시대에는 세계 최초로 철갑전투선인 거북선을 만들어 23번의 바다 전투에서 23번을 모두 이기는 기록을 세웠으며, 많은 시간

△ 대형 컨테이너선

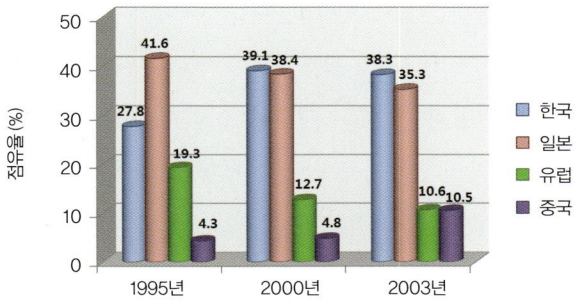

△ 세계 조선시장 점유율의 국가별 비교

이 흐른 현대에도 IMF 체제라는 국가적 난국 속에서도 매년 수십억 달러를 벌어들이는 효자 산업으로 활약하며 국가 경제에 도움을 주었을 뿐 아니라 조선造船 강국으로서의 면모를 더욱 세상에 알렸다.

우리나라는 대형 컨테이너선, LNG선 등에 있어서 세계 1위의 기술을 보유하고 있으며, 이 외에도 초고속선, 두 인잠수정, 해저 광케이블선, 공기부양선 등의 조선 기초 기술을 개발해 축적하고 있다. 2004년 말 기준으로 전 세계의 가동중인 조선소 중 가장 잘 나가는 10대 조선소에 우리나라 조선소가 일곱 군데나 꼽힌다고 하니, 우리나라의 조선 기술은 자타가 공인하는 세계 최고, 월드베스트이다.

한국 조선 산업이 위그선을 만나다

위그선은 여러 나라를 거쳐 결국 1993년 우리나라에도 소개되었다. 위그선이 최고 수준의 조선 기술을 보유하고 있는 우리나라의 연구자들과 만나 새롭게 성장할 기회를 잡은 것이다. 우리나라처럼 조선 산업이 튼튼하게 뿌리내린 곳에서는 위그선도 눈부신 성장을 할 수 있을까? 생각해 보면 우리나라는 이미 위그선과 비슷한 배를 개발했던 경험이 풍부하다고 할 수 있다. 초고속선을 포함하여 속도가 빠른 배를 건조해 본 경험이 그것이다. 이러한 초고속선의 개발 기술이 위그선 개발 기술과 통하는 부분이 많아서 어찌 보면 위그선 개발은 초고속선 개발의 연장선 위에 있다고 할 수 있다. 따라서 우리나라는 위그선의 설계 건조에 필요한 산업적 기술은 이미 확보하고 있는 셈이라 다른 나라에 비해 위그선 산업이 정착하기에 적당한 환경을 갖고 있다고 할 수 있다.

다만 위그선 개발에는 개발 기술과 더불어 위그선의 수요, 즉 안정적인 시장이 형성되어야 한다는 조건이 따르기 때문에 활발한 위그선 개발 추진을 위해서는 해결해야 할 과제가 많다. 위그선을 상용화하고 안정적인 위그선 시장을 만들기 위해서는 조선 기술 외에도 많은 노력들이 필요한 셈이다. 위그선을 처음 제작했던 러시아도 위그선에 관한 개발 기술은 풍부했으나, 위그선을 상용화하는 경험이 부족했다. 중국과 독일도 위그선 개발에 많은 관심을 보이고 있으나 민간용 위그선의 상용화에 큰 성과를 보이지 못하는 것이 현실이다. 이러한 상황은 미국과 일본도 크게 다르지 않다.

우리나라는 초고속선 건조 기술의 확보와 조선 산업을 세계 최강의 산업으로 성장시킨 경험을 갖고 있어서 다른 나라보다는 시장성 면에서도 유리하다고 할 수 있다. 이는 위그선의 개발자뿐 아니라 정부와 조선소 등이 협력하여 적은 비용을 들여 성능이 뛰어난 위그선을 만들고, 이를 바탕으로 적절한 운항 노선에 위그선을 배치하는 일로 이것이 실현된다면 위그선의 상용화는 멀지 않을 것이다.

이제 곧 위그선에 관한 기술, 산업 등에 관해 공부하고 싶을 때에는 러시아나 독일, 미국이 아닌 대한민국을 찾아야 할 시기가 올 것이다. 앞으로는 탄탄한 국내 기술력을 바탕으로 위그선을 개발하여 우리 시장에서 상용화의 기반을 다진 후, 외국으로 그 시장을 넓혀 나가는 방법을 찾아나갈 때이다.

잠깐 이야기를 앞으로 되돌려 보면, 우리나라는 조선 산업의 미래 시장을 정확히 예측해 경쟁 국가보다 한발 앞서서 연구와 개발을 추진하면서 차세대 선박에 대한 개발을 병행할 수 있는 충분한 저력을 갖고 있다. 바로 이러한 토대 위에 위그선이 발을 들여 놓은 것이다. 지금부터는 우리나라에서 개발 중인 위그선이 어떠한 과정을 통해 우리나라에 처음 들어왔으며 지금의 위치를 갖게 되었는지를 알아보도록 하자.

위그선의 도입에서 성장까지

우리나라에 위그선을 소개한 나라는 러시아이다. 1993년 우리나라와 러시아는 서로의 과학 기술을 교류하는 모임을 가졌는데, 이때 위그선 기술이 처음으로 우리나라에 소개되었다. 1994년 한국해양연구원 해양시스템안전연구소_{당시 한국기계연구원 선박해양공학연구센터}의 「표면효과익선 관련 러시아 보유기술 조사사업」을 시작으로 우리나라에서도 위그선 개발이 본격적으로 진행되었다. 1995년부터 1998년까지 한국해양연구원_{당시 한국기계연구원}과 대우, 삼성, 한진,

△ 최초 유인시험선 '갈매기1호'의 모형시험

현대의 4개 조선회사가 공동으로 참여하여 소형 위그선 설계 기술을 개발했다. 그때 1인승 유인시험선 갈매기1호를 건조해서 시험 운전에 성공하는 성과를 거두었다.

위그선 개발 연구는 계속되어 2001년에는 한국해양연구원현재 한국해양과학기술원과 한 벤처기업이 합작하여 4인승 위그선을 개발해 시험 운전에 성공했다. 이 위그선은 이후 3년의 개발 기간을 거쳐 기본적인 성능을 검증했으며, 기본 성능이 검증된 후부터는 좀더 세부적인 기능인 위그선의 위치나 비행자세를 바로잡는 장치와 장애물을 피하는 기능 등을 추가해 나갔다. 성능을 하나하나 확인하며 마지막 성능까지 검증한 후에 위그선의 생산량을 늘려갈 계획

△ 4인승 위그선 시운전 장면

이었다. 그러나 당시에는 위그선을 여러 대 제작할 만한 체재와 여건이 제대로 갖추어져 있지 않았다. 실제 바다에서 운항할 수 있는 활주형 위그선을 개발하고 그 제작 기술을 우리나라도 갖고 있다는 사실을 검증하는 데 그쳤다. 아쉽지만 4인승 위그선의 개발은 진일보한 위그선 기술을 보유하고 있음을 검증하는 정도로 만족할 수밖에 없었다.

1인승과 4인승에 이어 이후 크기를 한 단계 높여 20인승급 위그선 개발에 착수했다. 2004년부터 한국해양연구원현재 한국해양과학기술원에서는 민간과 군에서 모두 쓸 수 있는 20인승급 위그선의 기본 설계 및 모형 제작에 성공해 시험 운항까지 마쳤다. 이어 20인승급 위그선의 유인시험선 해나래-X1을 건조해 성공적으로 시험 운항을 마친 후 2007년에는 공개적으로 시험 운항을 실시하기도 했다.

소형 위그선에 이어 우리나라는 200인승급 이상의 대형 위그선에도 출사표를 던졌다. 정부는 위그선의 시험 운항 등 국내 연구를 바탕으로 대형 위그선을 제작, 실용화

△ 20인승 위그선 '해나래호'

할 계획을 세웠다. 이에 한국해양과학기술원에서는 20인
승 위그선에 이어 200인승 규모 등의 대형 위그선에 대한
초기 개념, 기본 설계, 모형 제작 등의 연구를 수행하면서
위그선에 관한 기술과 실적을 쌓아가고 있다.

　대형 위그선의 실용화는 기업을 통해서 더욱 구체화되
고 있다. 현재 한국해양과학기술원 연구원들이 주축을 이
루어 창업한 대형 위그선 실용화 기업인 윙쉽테크놀러지
(주)를 중심으로, 대우조선해양 등 대기업이 함께 참여해
서 350인승 규모의 대형 위그선을 개발하고 있다. 이 위그
선은 기존의 대형 위그선의 제조 기술을 개선하여 활용하

고 있다. 원래 대형 위그선은 물의 저항을 줄이기 위한 별
도의 장비를 장착했었으나, 이런 장비를 붙이면 위그선 자
체의 무게가 늘고 사용 연료량도 증가시키는 단점이 있었
다. 윙쉽테크놀러지(주)는 이러한 한계를 극복하기 위해서
독일과의 기술 협력으로 별도의 장비를 달지 않고도 이수
과정이나 물 위를 운항하는 과정에서 충분한 힘을 얻을 수
있는 시스템을 개발했다. 이 시스템은 호버윙Hoverwing 방식
이라 하여 프로펠러 후류의 일부를 선체와 수면 사이에 공
기쿠션이 만들어지도록 장착하는 것이다. 프로펠러를 이
렇게 달아 놓으면 공기쿠션에 의해서 위그선이 떠오르는
것을 도와 준다.

또한 지식경제부 산하의 대덕연구개발특구지원본부 주
관 사업으로 2011년을 목표로 중형급 위그선의 시제선 개
발이 진행 중에 있어서 성공적인 출시를 기대하고 있다.
이 외에도 그 동안 쌓아온 배와 비행기에 관련된 설계와
제작 기술, 미리 운전해 보는 시뮬레이션Simulation에 기초한
설계 기술 등을 적극 활용해서 대형 위그선의 효율을 극대
화하기 위한 노력이 진행되고 있다.

우리나라에서 위그선이 연구, 개발되고 시험을 거쳐 실

용화되는 과정을 되짚어 보면 위그선이 경쟁력을 갖게 된 몇 가지 이유를 발견할 수 있다. 이것은 위그선을 시장에 내놓았을 때에 수요자로 하여금 '아, 위그선은 이래서 좋구나.' 하게 하는 요소들로 바로 위그선의 경쟁력과 직결된다.

제일 먼저 위그선은 일반 선박에 비하여 안정적이라는 점이다. 위그선은 바다의 상태가 순조로운 상황에서 항해하는 경우 앞뒤 혹은 옆으로의 흔들림이 거의 없다. 지면효과 때문에 고속으로 달릴 때에도 크게 흔들리지 않는다. 배를 탈 때면 배의 흔들림이 심해 멀미를 하기 때문에 귀밑에 멀미 방지 스티커를 반드시 붙여야 했던 것에 비하면 큰 변화라 할 수 있다. 위그선이라면 승객과 승무원 모두 멀미 걱정 없이 차분하고 안전하게 움직이는 소리 없이 강한 운송수단이 될 것이다.

또 하나는 아무리 태풍이 거세게 휘몰아치고 파도가 높이 쳐도 위그선이라면 부두로 신속하게 돌아올 수 있다는 것이다. 여러분이 어촌에 살고 있다고 가정해 보자. 갑자기 날씨가 사나워지면서 구름이 검게 드리운 바다를 보면 배를 타고 고기잡이를 나가신 아버지 걱정부터 앞설 것이다. 뭍에서는 땅에 안전하게 발을 딛고 서 있어 안심이 되지만 바다에서는 타고 있는 배 외에는 믿을 만한 것이 없다. 그만큼 바다 위에서 배는 생명과도 같은 존재이다. 일반 선박이 아니라 위그선은 속도가 매우 빨라서 태풍이나 파도가 있는 지역으로부터 재빨리 벗어나 안전한 항구를 찾아 대피할 수 있다. 구조적으로도 튼튼하게 설계되어 있기 때문에 파도가 제아무리 너울대도, 위그선 날개폭의 20퍼센트 정도에 해당하는 높은 파도에도 승객과 위그선 자체의 안전을 지키며 무리 없이 착수할 수 있다. 대형 위그선의 경우는 파도 높이가 6미터 이상이어도 끄덕없다고 하니 감탄스러울 뿐이다.

또한 위그선은 장애물을 만났을 때도 민첩하게 대응할 수 있다. 갑자기 나타난 장애물과 충돌하지 않고 피하기 위해서는 반지름을 작게 그리며 급하게 회전할 수 있어야 한다. 위그선은 이러한 조종성이 검증되었음은 물론 충돌 회피 능력도 좋다. 특히 일시적으로 살짝 점프도 할 수 있어서 위로 솟아 있는 장애물도 피할 수 있다.

위그선의 이런 기막힌 기능들이 어떻게 발휘되는지 확인할 수 있을까? 위그선 시뮬레이터라는 장치를 이용하면 된다. 시뮬레이터는 다양한 운항 상황을 설정하여 위그선을 가상으로 운항시켜 보는 장치이다. 여러분은 일반 오락실에 설치되어 있는 자동차 운전게임기를 떠올리면 된다. 게임이 시작되면 화면에 도로가 나타나고 장치되어 있는 자동차 핸들을 이용해 자동차를 운전하는 상황과 거의 비슷하게 만든 게임 말이다. 시뮬레이터도 이와 비슷한 원리라고 생각하면 된다. 위그선 조종사들도 이 시뮬레이터를 이용하여 운항 연습을 하며 예상되는 다양한 위험 상황에 대처하는 훈련을 하기도 한다. 위그선 개발자들도 이 시뮬레이터를 활용해서 여러 가지 위험 상황을 만들고, 그 상황을 위그선이 해결하거나 장애를 피해 가는 기술적 방법을 연구함으로써 운항시스템 설계에도 도움을 받고 있다.

우리가 만든 위그선은 바로 이래서 좋은 것이다. 아직 세상 빛을 본 지 얼마 안 되는 새내기 교통수단이라 대부분의 사람들이 타 볼 기회가 없었겠지만, 앞으로 좀 더 나은 모습으로 거듭나서 우리나라 사람 모두가 즐겨 이용하는 교통수단이 되길 바란다.

8부

한강 위를 위그선이 달린다

우리나라는 위그선의 선진 개발국에 비해 뒤늦게 뛰어 든 분야이기는 하지만, 앞선 선박 산업을 기반으로 그 투자 기간에 비해서는 눈부신 발전을 보이고 있어 이미 선진국 대열에 들어섰다고 해도 지나친 말이 아니다. 우리나라에서 위그선은 출시되지 않은 교통수단이라 여러분은 아직 타보지는 못했겠지만, 시간이 좀 더 흐르면 우리나라 사람 모두가 위그선을 이용할 날이 올 것이라 기대하고 있다.

위그선의 어떠한 점이 연구 개발자들로 하여금 이런 자신감을 갖게 하는 것일까? 위그선이 우리 곁으로 한 발 더 다가오면 우리 생활에는 어떤 변화가 생길까? 위그선에 관한 궁금증은 점점 더 늘어만 간다. 배와 비행기를 합쳐 놓은 듯 그러나 다른 모습의 독특한 개성을 가진 위그선의 현재와 미래에 대하여 좀 더 알아보도록 하자.

위그선과 현실

배보다 배꼽이 큰 운송수단은 가라!

새로운 운송수단을 도입하기 위해서는 대개는 이를 뒷받침하기 위한 기반 시설이 필요하다. 우리가 일상생활하는 데 없어서는 안 되는 교통수단으로 자리 잡은 자동차를 떠올려 보면 이해하기 쉬울 것이다. 자동차는 울퉁불퉁 자갈길이나 흙길보다는 매끈하게 포장된 아스팔트 위를 달릴 때 가장 잘 달리고 자동차도 상하지 않는다. 이렇게 자동차가 안전하게 잘 달릴 수 있는 도로라는 시설이 기본적으로 필요하고, 더불어 주행을 마친 자동차를 세워 둘 수 있는 공간인 주차장도 필요하다. 특히 요즘은 주차 공간이 큰 이슈가 될 정도이다. 예를 들어 친척 결혼식에 참석해야 하는 부모님은 결혼식장에 주차장 시설이 있는지, 있다면 그 공간은 충분한지를 꼭 확인하신다. 편리만 생각하그

아무 생각 없이 자동차를 타고 갔다가 결혼식장의 주차장이 좁거나 결혼식장으로부터 멀리 떨어져 있으면 자동차는 순식간에 애물단지로 변해 버릴 수도 있다.

자동차뿐만 아니라 모든 운송수단은 자동차의 도로나 주차장과 같은 시설이 필요하다. 위그선도 예외는 아니다. 운항하기 전이나 운항을 끝낸 후에는 배가 항구에 정박하듯이 위그선도 정박해 있을 수 있는 위그선의 주차장 같은 접안 시설이 필요하다. 그런데 고맙게도 위그선은 배가 사용하는 항만을 접안 시설로 함께 쓸 수 있다. 어떠한 형태의 항구든지 위그선을 댈 수 있도록 조금만 수리하면 배와 함께 이용할 수 있다. 이것만으로도 굉장히 경제적인 운송수단이라 할 수 있다. 만약에 인천공항^{1992~2001년 공항 건설 1단} ^{계사업에 소요된 투자액이 6조 2333억 원}과 같은 규모의 시설이 필요하다면 사람들은 위그선을 실용화하는 데 주저하게 될 것이다. 이렇게 어마어마한 비용을 들여 기반 시설을 갖추지 않고도 위그선을 운항할 수 있다고 하니 공항이 필수적인 비행기에 비해 매우 경제적인 운송수단이라 할 수 있다. 더구나 기존의 항만 개수도 공항에 비해 훨씬 많다. 우리나라의 공항은 국내·국제선 공항을 모두 합해도 15개이지만, 항만 시설은 크고 작은 무역항, 어항, 섬 등의 접안 시설까지 포함시키면 셀 수 없이 많다. 이렇게 많은 항만 시설이 모두 위그선의 선착장이 될 수 있다는 말이다.

동해 번쩍, 서해 번쩍!

비행기는 활주로가 있어도 그 길이에 따라 이륙과 착륙을 할 수 없는 경우가 있는 등 제약이 따르지만, 위그선은 이착륙장 길이에 전혀 제한이 없다. 또한 비행기에 비해 항로의 제한이 적으며, 접안 시설의 제약이 적어 작은 섬에 접근하기도 편하다. 배로 가기에는 시간이 좀 걸리고, 비행기로 가기에는 이착륙할 공간이 없어서 접근하기 어려웠던 섬에 갈 때는 위그선이 탁월한 선택이 될 것이다.

장소에 상관없이 접근성이 좋은 위그선은 사람만 실어 나르는 것이 아니다. 화물을 운송하는 데도 이런 장점을 살려 대단한 활약을 펼칠 수 있다. 위그선은 인천국제공항과 중국 동부의 주요 항만도시 사이를 직접 운항할 수 있다. 따라서 비교적 가까운 거리를 긴급하게 수송해야 하는 화물의 경우에는 선박보다 신속한 위그선을 이용하면 빠르고 저렴하게 운반할 수 있다. 즉, 위그선을 이용하면 타닷길로 화물을 운송하면서도 속도는 항공으로 운송하는 것과 비슷한 시간에 운반할 수 있다. 따라서 Sea & Air^{항공과} 해운을 동시에 이용하는 화물 운송의 모든 구간의 속도를 항공 수준으로 향상시킬 수 있을 것이다. 인터넷으로 상품 구입 버튼을 클릭한 바로 다음날, 아니면 그날 오후에 구입한 상품이 배달되기를 원하는 요즘의 소비자들의 욕구를 감안한다면, 위그선은 이렇듯 신속한 배달이 생명인 화물 거래에서도 충분한 활약을 펼칠 수 있을 것이라 기대가 된다.

사람을 구조하는 데에도 위그선이 최고

2004년, 유난히 섬이 많은 동남아시아 전 지역을 바다의 지진이라 불리는 쓰나미가 덮쳤던 적이 있다. 21세기의 악명 높은 지진 중의 하나로 꼽힐 만큼 피해가 컸다. 당시 인명을 구조하기 위해 가장 절실했던 것은 다름 아닌 환자와 피난민들의 긴급 운송수단이었다. 인도네시아만 해도 3000여 개가 넘는 섬으로 구성되어 있기 때문에 항공편을 이용한 인명 구조에는 한계가 있었다. 물론 쓰나미가 가라앉은 후에는 정기 여객선이 운항할 수 있지만 긴급 환자가 발생했을 때는 여객선의 느린 속도 때문에 속수무책이었다. 비상 운송수단으로 해양경찰대의 경비정과 행정선을 이용하기도 하지만, 속력이 떨어져 실제로는 효과가 높지 않다.

이러한 상황에 대비하는 데 적절한 운송수단 중의 하나가 위그선이다. 앞서 이야기한 쓰나미가 발생했던 동남아시아 인근 나라들은 특히 섬이 많고, 교통편이 취약해서 위그선과 같이 자유자재로 취항할 수 있는 운송수단이 더욱 필요하다. 위그선은 쓰나미 발생 시에는 물론, 여객선의 난파와 같은 대형 해난 사고가 일어났을 때 등 긴급 구조 활동이 필요한 경우에 투입하면 신속하게 소중한 인명을 구조해 낼 수 있다.

나라의 지킴이, 위그선

빠르게, 소음은 최대한 줄이고, 순발력을 살려서! 손에 땀을 쥐게 하는 첩보영화나 전쟁영화에서 적진에 잠입하는 주인공들은 대부분 이런 모습들을 보인다. 이러한 장면들은 다양한 액션과 버무려져서 일촉즉발의 위기를 연출하며 손에 땀을 쥐게 하곤 한다. 조금이라도 더 빠르고 정확하게, 동시에 조용하게 움직여야 하는 것이 영화 속 인물들의 과제이듯이 실제로 전쟁이 일어났을 때에 작전을 수행하는 군대에 요구되는 사항들이기도 하다. 위그선은 기존의 고속 함정에 비해 이런 요소들을 효과적으로 수행할 수 있는 기능을 갖추고 있다. 사람으로 치면 훌륭한 전투병사라고 할 수 있다.

위그선은 지면효과에 의해 수면으로부터 1~5미터 뜬 높이에서 비행하기 때문에 물속에서 발생하는 소음이 거의 없다. 상대방의 잠수함을 탐지할 때에는 주로 잠수함이 물속에서 내는 소음을 이용하게 되는데 방사소음이 없는 위그선은 당연히 탐지하기가 어렵다. 또한 지상에서는 레이더 탐색에도 잘 잡히지 않는데, 비행기로서는 너무 낮게 날아 레이더의 탐색 범위를 벗어나 있기 때문이다. 이러한 점들은 수상 함정에 비해 우수한 생존성을 유지하면서 작전 임무를 수행할 수 있다는 것을 의미한다. 따라서 위그선은 해상을 통해 적군의 영토에 상륙하여 공격하는 상륙작전이나 수중에 폭발물을 설치해서 배를 폭발시키는 기뢰전 등에서 자신의 기량을 발휘할 수 있다.

위그선은 신속한 회전이 가능하여 장애물을 재빨리 피할 수 있을 뿐 아니라 순항 속도에 의한 운동에너지를 이용해 일시적으로 위그선의 운항 고도를 높여 장애물과의 충돌을 피할 수도 있다. 이러한 점들이 위그선의 안전성을 높여 준다.

기존에 군용으로 많이 사용하던 공기부양선(제5부 참고)에 비해 위그선은 속도가 4배가량 빠르고 기동성이 뛰어나다. 대형 위그선의 경우에는 수백 명의 무장군인을 짧은 시간 내에 장거리 수송이 가능하므로, 굳이 외국에 우리 군대를 주둔시키지 않아도 필요할 때 언제든 출동할 수 있다. 주요 해상로에 불쑥불쑥 나타나 우리 국민의 생명과 재산을 위협하는 해적이 나타났을 때에도 기동력을 발휘하여 위그선을 출동시켜 보호 작전을 수행할 수도 있을 것이다.

위그선은 환경운동가

일반적으로 교통수단의 속도가 빨라질수록 이산화탄스의 배출량은 증가하기 마련이다. 위그선도 속도는 비행기의 1/3에 불과하지만, 같은 거리를 이동할 경우에는 위그선이 비행기보다 훨씬 적은 이산화탄소를 배출한다. 위그선은 고도를 높여 수면 위로 떠올라 운항하기는 하지만 비

행기와 비교하면 물 위에 바짝 붙어서 날기 때문에 고도를
높이기 위한 에너지가 비행기처럼 많이 들지 않는다. 뿐만
아니라 비행기는 상공 10킬로미터에서 온실효과와 직접적
으로 관련있는 공기층에 이산화탄소를 배출하지만, 위그
선이 배출하는 이산화탄소는 바다나 숲이 흡수하여 공기
중으로 들어가는 양이 줄어든다.

　이런 이유들로 아주 먼 거리를 빨리 가기 위해서는 공
기오염이 발생하더라도 비행기를 선택하는 것이 효율적이
겠지만, 가까운 거리를 이동할 때에는 굳이 고도를 높여
많은 에너지를 소비하지 말고 좀 더 효율적인 방법을 찾는
것이 좋겠다. 즉 1000킬로미터 이내의 가까운 거리를 이동
할 때에는 초고속 운송수단 중에서 위그선이 가장 친환경
적 운송수단이므로 강력하게 추천한다.

위그선을 활용한 미래

　지금은 2020년. 38세의 직장인 김고민 씨는 서울에서
2020년대를 살아가고 있는 전형적인 현대인이다. 매일 출
근길이면 도로 위에 빽빽이 들어선 자동차들이 이제는 익
숙해져서 기다리며 빵 등으로 간단하게 식사를 해결하는

것은 예삿일이 되었다. 오늘은 중국 출장을 가는 날인데 '이러다가 비행기 놓치는 거 아닌가' 잠시 걱정해 보지만, '도로 상황이 이런 걸 어떡해'라고 단념하고는 노래를 흥얼거리면서 창밖 한강으로 눈길을 돌린다.

순간, 한강 위를 순식간에 휙 지나가고 있는 신기한 물체가 눈에 들어왔다. 분명 유람선이나 수상택시는 아니었다. 물 위에 살짝 떠서 비행기처럼 날아가는 배처럼 생긴 물체였다. 호기심이 발동한 김고민 씨는 얼른 PMP를 꺼내서 검색해 본다. '위그선!! 경리과 이 과장이 자주 애용한다던 그 배가 바로 저거였군.' 이 과장의 개인 홈페이지에는 출장갔다 와서도 유독 관광한 사진들이 많이 올라온다 싶었는데, 저 배를 이용하면 출장지에서 여유를 부릴 수 있다고 자랑하는 소리를 들은 기억이 났다. 아직도 올림픽대로에 갇혀 있는 김고민 씨는 이런저런 생각에 조금 풀죽은 목소리로 다시 노래를 흥얼거리기 시작한다.

김고민 씨가 한강에서 발견한 것은 현재 계획 중인 경인운하에서 운행 예정인 위그선이다. 우리나라는 현재 2011년 완공을 목표로 한강에서 경인운하를 거쳐 서해로 나아가 중국과 일본에 이르는 물길을 조성할 계획이다. 한강과 바다를 연결하여 서울을 수변waterfront도시로 조성함으로써 물류를 더욱 활발히 하자는 계획이다. 이 계획이 실행되면 서울은 항구도시가 되는 동시에 바로 외국과 연결되므로 국경도시의 기능도 갖게 되는 것이다. 이렇게 되면 런던이나 토론토처럼 바다와 연결된 내륙항으로 변신하여 도시의 모습도 변하게 될 것이다.

앞서 이야기했지만 위그선은 빠르기도 하지만 공해 배출이 적은 차세대 운송수단이다. 규모도 얼마든지 조절할 수 있다. 위그선은 공항에 갈 것도 없이 여의도터미널에서 통관 절차를 밟고 탑승하면 된다. 한강에서 경인운하와 서해를 따라 날렵한 위그선을 타고 서해를 미끄러지듯이 내달아 4~5시간 만에 상하이나 칭다오 등에 도착할 수 있을 것이다. 이제부터 우리는 가뿐한 기분으로 푸둥항에서 출입국 수속을 하고 바로 와이탄으로 걸어 나가 비즈니스를 하고 여행을 즐기면 된다.

서해의 섬들이 가까워졌다!

김고민 씨는 중국 출장을 고생스럽게 다녀온 탓인지 며

칠만이라도 쉬고 싶은 마음이 간절하다. 답답한 서울을 벗어나 쭉 뻗은 해변과 자연에 기대어 살아가는 사람들이 있는 섬에 가서 활력을 느끼고 싶었다. 생각이 여기에 미치자 마음이 급해졌다.

우리나라에서는 전라남도가 제격이라는 생각이 들었다. 1965개에 달하는 경관이 빼어난 섬과 6419킬로미터에 이르는 수려한 해안선, 그리고 1054제곱킬로미터의 기름진 청정 갯벌을 가지고 있는 전라남도라면 만족스러운 여행을 할 수 있지 않을까. 더구나 이곳은 2020년 현재, 해양 관광 비중이 40퍼센트에 이르고 있으며, 수상스키, 윈드서핑, 바다낚시 등 해양 레저 시설이 잘 갖추어져 있다. 아직까지 사람의 손길이 닿지 않은 때 묻지 않은 섬과 해안도 많다. 길게 늘어선 해안선, 빼어난 경관, 그리고 맛깔스런 음식이 어우러진 섬들이 널려 있어 휴양하기에는 더할 나위 없는 곳이다.

그런데 김고민 씨는 조금 망설여졌다. 전라도의 섬으로 놀러 가려면 시간과 비용이 만만찮게 들기 때문이었다. '그냥 가까운 안면도나 잠깐 갔다 올까' 잠시 상념에 빠진 김고민 씨에게 여행사 직원이 솔깃한 제안을 했다. '위그선'이라는 새로운 교통수단을 이용하면 서울에서 전라도에 위치한 웬만한 섬까지 2~3시간 정도면 도착할 수 있으니 이용해 보라는 것이었다. 예전 같았으면 항구가 있는 인천이나 목포까지 육상교통을 이용해서 이동한 후 하루에 몇 번 없는 배편을 이용해 눈앞에 보이는 섬도 4시간 이상 걸려 도착해야 했을 것이다. '중국 출장갔다가 봤던 바로 그 위그선을 말하는 거구나……. 아시아와 같이 가까운 해외 노선만 있는 줄 알았는데 국내 여행에서도 이용할 수 있다니'라고 생각하며 김고민 씨는 무릎을 탁 쳤다.

"그래 결정했어. 떠나는 거야!."

한강 근처에서 살고 있는 김고민 씨는 가족들과 함께 여의도선착장에서 위그선에 올라탔다. 위그선은 생각보다 빠를 뿐 아니라 다른 배를 탔을 때처럼 멀미도 나질 않았다. 배의 경우도 큰 대형 선박은 흔들림이 적어 멀미가 나지 않지만, 위그선은 선체가 크지 않아 꽤나 요동치며 움직일 것 같은데도 상당히 안정적으로 운행되었다. 위그선 밑에 공기쿠션이 만들어지면서 흔들림을 방지해 준다고 승무원이 친절하게 설명해 주었다.

위그선 내 식당에는 전라도 특별 여행 코스라며 전라도

식 비빔밥과 한정식이 준비되어 있었으며, 외국인을 위한 근사한 서양식 음식도 있었다. 위그선의 속도가 워낙 빠르기 때문에 전라도의 섬을 모두 도는 데도 시간이 오래 걸리지 않지만, 많은 섬을 두루두루 천천히 살펴볼 수 있도록 넉넉하게 2박 3일 일정의 상품이 개발되어 있었다.

아침 식사를 하고 소화가 될 무렵쯤 우리나라에 유일하게 모래언덕이 있는 신안 우이도에 도착해서 육지에서는 볼 수 없는 모래언덕을 구경했다. 텔레비전을 시청하며 여객실에서 가족들과 뒹굴며 한가하게 휴식을 취하다가 지겨워질 때쯤에는 신안 증도에 도착하여 머드마사지를 즐겼다. 저녁 식사를 마친 후 고즈넉한 밤바다의 운치를 즐기고 싶다는 생각이 들었는데 군산 어청도에 내려놓았다. 절벽 위의 하얀 등대를 바라보며 열심히 생활하면서 생겼던 스트레스를 싸악 풀어 버렸다. 고민 씨네 가족은 이튿날도 비슷한 일정으로 여행을 계속했다. 배에 머무르는 시간이 길지 않고 적절한 시간에 각각 특색이 살아 있는 섬들을 관광할 수 있게 일정이 짜여 있어 흥미롭고 다채로운 여행이었다. 처음 타보는 위그선은 새롭게 투입된 신종 선박인 만큼 연식이 오래된 위그선이 없어 깨끗하고 부대설

비도 신식이었음은 말할 필요도 없다.

현대적 감각과 자연이 어우러진 남해

김고민 씨는 지난번에 위그선을 타고 전라도 지방을 여행했던 기억이 너무 좋아 이번 여름휴가에도 바다여행을 계획했다. 이번에는 남해안 지방으로 가고 싶어 이미 눈은 우리나라 지도의 아래쪽을 훑고 있다. 이번 여행에서도 남해안을 두루 돌아보고 싶은 욕심이 앞섰다. 고민 씨의 희망 사항을 들은 여행사 직원은 서울에서 버스나 기차를 이용해 여수로 가서 주변의 국립공원을 돌아본 후 흑산도와 홍도를 들렀다가 목포로 가는 일정을 제안했다. 얼마 전 여수를 비롯한 섬진강 주변에 관광 레저단지가 조성되어 있어 가볼 만하다고 적극 추천한다. '이번 여행은 좀 길어질 것 같은데 괜찮을까?' 생각하던 고민 씨가 여행사 직원에게 물었다.

"아, 이번 일정에도 위그선이 운항하겠죠? 빠르고 승선감도 좋던데……."

"물론입니다, 손님. 위그선으로 여행하실 수 있습니다."

고민 씨네 가족은 분주히 여행 준비를 해서 여수로 떠났다. 가족들은 5시간 동안 버스 안에서 게임도 하고 이야기도 하며 시간을 보내다가 결국에는 지쳐서 잠이 들어 버렸다. 여행을 떠난다고 설레던 마음은 짜증으로 바뀔 정도로 버스여행은 무척이나 길게만 느껴졌다. 5시간 만에 드디어 도착한 여수! 2012년에 개최했던 여수엑스포와 관광레저단지 조성 때문인지 도로가 깨끗하게 정비되어 있었고 여기저기 현대식으로 지어진 숙박 시설과 테마파크가 눈에 들어왔다. 고민 씨 가족은 예약해 놓았던 시설 좋은 콘도에 들어가 짐을 풀고 긴 이동 시간으로 머리끝까지 쌓인 피로를 풀었다.

다음날, 9시에 새소리 알람이 방안을 가득 메웠다. 이제부터 진짜 여행이다! 고민 씨의 아이들은 여수까지 오는 버스 안에서 언제 지루해 했냐는 듯이 호기심으로 충만해 있었다. 고민 씨네 가족은 여수의 여객터미널로 가서 위그선에 올랐다. 이제부터는 다도해해상국립공원의 섬들을 훑어볼 시간이다. 다도해해상국립공원은 약 1596개의 섬으로 이루어져 있으며 각각의 섬들은 개성 넘치는 아름다운 자연경관을 뽐내고 있다. 이번에 김고민 씨 가족이 선택한 여행 코스는 다도해 고흥에서 출발하여 완도, 흑산도, 홍도를 돌아 목포로 돌아오는 것으로, 남해의 명물들을 두루 돌아볼 수 있다. 여수에서 고흥까지 자동차로 가면 2시간이 걸린다고 하여 30분 걸린다는 위그선을 선택해 이동했다. 첫 번째로 완도 주변에 있는 소안도에 들러 예쁜 갯돌이 펼쳐져 있는 해안을 구경한 뒤 다시 위그선을 타고 우리나라의 육지 끝이라는 땅끝마을 해남을 들렀다가 흑산도와 홍도로 화끈하게 직행했다. 예전 같았으면 남해 쪽에서 흑산도로 가려면 진도에 들렀다가 또 다시 배를 타고 가야 해서 6~7시간 걸리던 것이 위그선은 기특하게도 2시간 만에 씽씽 달렸다. 고민 씨의 가족들은 여객실에서 여유롭게 텔레비전을 보면서 위그선의 속도 때문에 빠르게 바뀌는 바깥 풍경에도 간간히 시선을 보냈다. 2시간 뒤, 도착 안내 방송을 듣고 승객들은 환한 표정으로 우르르 쏟아져 나와 위그선을 벗어났다. 바다 위에 돌로 이루어진 석주대문과 코끼리 모양의 코끼리 바위 같은 절경을 구경했다. 어느덧 해가 뉘엿뉘엿 저물고 김고민 씨 가족은 인근 식당에서 흑산도의 명물인 홍어에 탁주를 곁들여 맛있게 식사를 마치고 내일의 목적지이자 마지막 여행지인 홍도를 꿈꾸며 잠자리에 들었다. 다음날 마지막으로 들른 홍도에서는 사진기의 남은 메모리를 사용해야 한다며 고민 씨는 아내와 아이들의 사진을 찍느라 여념이 없었다. 오후가 되어서야 그들 가족을 태운 위그선은 홍도를 뒤로 하고 목포를 향해 또다시 내달렸다.

긴 여정이었지만 도로가 막혀 고생할 일도 없었고 이동하는 데 많은 시간을 들이지 않아서인지 김고민 씨는 휴가가 끝나고 회사로 돌아와서는 바로 일상으로 복귀할 수 있었다. 지금 고민 씨의 책상 위에는 홍도 10경과 막내아들, 그리고 정박해 있는 위그선 등이 찍힌 사진이 삐뚤삐뚤한 구도로 놓여 있다.

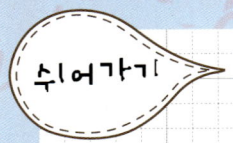

안전한 위그선

여행을 가거나 친척집을 방문하기 위해 배를 타야 할 때 가장 걱정스러운 것은 뱃멀미일 것이다. 배는 다른 운송 기관에 비해 흔들림이 심해서 승객들을 곤혹스럽게 만든다. 뱃전에서 바다를 향해 머리 숙이고 있는 승객의 모습이 배를 탄 대표적인 이미지 중의 하나로 기억될 정도이니 말이다. 배처럼 바다 위를 운항하는 위그선은 배의 이런 단점을 완전히 극복한 사례라고 할 수 있다. 일반 선박에 비하여 위그선이 갖고 있는 현저한 장점으로 꼽히는 것이 바로 물 위를 순항할 때 상하운동이나 좌우 흔들림롤링이 거의 없는 안정성이다. 선체가 흔들리지 않는다는 것은 그만큼 승객이나 승무원이 멀미를 하지 않게 된다는 뜻이다.

위그선이 안정성을 가질 수 있는 원리는 위그선이 기울어졌을 때, 좌우 날개 중 수면에 가까워진 날개가 바로 지면효과를 받기 때문이다. 수면에 가까워진 날개 아래의 양력이 지면효과로 커지면서 날개를 위로 밀어올려 날개는 다시 수면으로부터 멀어진다. 이때 반대쪽 날개도 잠시 수면 쪽으로 기울어지게 되지만 같은 원리에 의해 바로 복구된다. 이런 과정이 좌우로 반복되다 보면 본래의 균형을 잡을 수 있다. 이렇게 위그선은 항공기가 갖지 못한 흔들림 후에 원래 상태로 돌아가는 능력이 뛰어나 고속으로

△ 고공을 비행하는 항공기에 비해 위그선에서는 추락의 개념이 없다

운항하면서도 흔들림이 거의 없는 상태에서 매끄럽게 달릴 수 있다.

또한 위그선은 비행기에서의 추락이라는 개념과도 관계가 없다. 1997년 우리나라에서 괌으로 향하던 보잉 747기가 오착륙하면서 추락한 사고나, 1985년 일본항공의 국내선 보잉 747이 후지산 근처에서 추락하는 사고 등 비행기 추락 사건은 대부분 대형 사고이기에 오싹한 기억으로 남는다. 그러나 비행기가 고도 10킬로미터 정도를 유지하며 비행하는 데 비하여, 위그선은 일반적으로 수면 위 5미터에서 운항하기 때문에 운항 중 문제가 생기더라도 수면 위로 살짝 내려앉으면 큰 문제가 발생하지 않는다.

참고문헌

이종호, 이우일 역(2005). 2030년 미래한국에서는 어떤 일이?, 서울: 김영사.

전호환(2008). 전호환교수의 배이야기. 부산과학기술협의회

한종협 (2005). 한국조선산업의 위상과 비전.

Halloran, M. & O'Meara, S. (1999), "Wing in Ground Effect Craft Review," DSTO.

Leonard, N. J. (2001). Wing in Ground Effect Aircraft: An Air lifter of the Future, air force INST of tech wright-patterson AFB oh school of engineering and management.

Lamb, T. (2004). Ship Design and Construction, Vol. II, SNAME.

Rozhdestvensky, K. V. (2006). "Wing-in-ground effect vehi-cles." Progress in Aerospace Sciences 42(3): 211-283.

Van Opstal, E. P. E. (2001). Introduction to WIG Technology.

기사

손수호, 「문화산책: 한강의 뱃고동」, 『국민일보』, 2007. 07. 17

최현수, 「전남, '해양관광 르네상스' 꿈꾼다」, 『아시아경제』, 2008. 07. 15

박창수, 「항만산책: 국내서 가장 빠른 배 코비」, 『부산연합뉴스』,

2007. 04. 03

인터넷 웹사이트

한국과학기술정보연구원 홈페이지 http://www. kisti.re.kr

네이버테마백과사전: "흑산도"

네이버백과사전: "호버크라프트"

다도해해상국립공원 홈페이지 http://dadohae.knps.or.kr/

미래고속홈페이지 http://www.mirejet.co.kr/

여수시 홈페이지 http://www.yeosu.go.kr/

한국관광공사 홈페이지 http://korean.visitkorea.or.kr/

American Treasure Exhibition 홈페이지: http://www.loc.gov/
    exhibits/treasures/

Flyingclippers 홈페이지: http://www.flyingclippers.com/

Pacificseaflight 홈페이지: http://www.pacificseaflight.com/

Wigpage 홈페이지: http://www.se-technology.com/wig/ index.php

블로그

blog.naver.com/james0810?Redirect=Log&logNo=60004443457

http://cafe.naver.com/33patent/67

http://www.answers.com/topic/hovercraft

http://blog.naver.com/tourtak?Redirect=Log&logNo=800552210
70

http://www.pandora.tv/my.yunhap/4425705

http://blog.naver.com/stephen14/70030548580